室内与建筑透视图表现技法

HOW TO DRAW
A PICTURE
IN PERSPECTIVE

[日]汤浅祯也 / 著
朱成 / 译

U0245062

中国青年出版社

KENCHIKU INTERIOR NO TAME NO TSUTAWARU PERSPECTIVE NO EGAKIKATA
© YOSHIYA YUASA 2018
Originally published in Japan in 2018 by X-Knowledge Co., Ltd.
Chinese (in simplified character only) translation rights arranged with
X-Knowledge Co., Ltd. TOKYO,
through g-Agency Co., Ltd, TOKYO

版权登记号：01-2019-5643

图书在版编目（CIP）数据

室内与建筑透视图表现技法 /（日）汤浅祯也著；朱成译. -- 北京：中国青年出版社，2019.11
ISBN 978-7-5153-3862-0

I. ①室… II. ①汤… ②朱… III. ①室内装饰设计–建筑制图–绘画透视 IV. ①TU238.2

中国版本图书馆CIP数据核字（2019）第267087号

室内与建筑透视图表现技法

[日] 汤浅祯也 / 著　朱成 / 译

出版发行　**中国青年出版社**
地　　址　北京市东四十二条21号
邮政编码　100708
电　　话　（010）50856188 / 50856189
传　　真　（010）50856111
企　　划　北京中青雄狮数码传媒科技有限公司

责任编辑　张　军
策划编辑　石慧勤
封面设计　乌　兰

印　　刷　北京建宏印刷有限公司
开　　本　787×1092　1/16
印　　张　9
版　　次　2020年4月北京第1版
印　　次　2020年4月第1次印刷
书　　号　ISBN 978-7-5153-3862-0
定　　价　56.00元

本书如有印装质量等问题，请与本社联系
电话：（010）50856188 / 50856189
读者来信：reader@cypmedia.com
投稿邮箱：author@cypmedia.com
如有其他问题请访问我们的网站：www.cypmedia.com

前言

　　我们所生活的这个世界，无时无刻不在发生着变化，而建筑或设计领域的技术革新更是随着时间的迁移不断孕育出新的表现手法。当今时代，CAD制图技术逐渐地被BIM制图技术取代，AI技术的蓬勃发展也势必在未来给建筑和设计领域带来翻天覆地的变化。

　　处在这种大环境下，人类必须学会利用与时俱进的技术以适应不断发展的新时代。而作为一名设计工作者，我们应培养的最为基础的能力是什么呢？在探求这个问题的答案过程中，相信你会深刻地意识到手绘透视图的重要性与基础性。尽管这看起来仿佛是一个与时代发展背道而驰的答案，但是通过对手绘透视图的反复练习，我们会逐渐掌握将脑海中的虚拟构图具象化的方法，以及在大脑中创造一个空间的能力。这项技术对于我们建筑设计者而言，毫无疑问是最为基础的。在CG透视图逐渐成为主流的当今世界，手绘透视图在近年来的需求量却不减反增，这便是最好的证明。

　　本书将浅显易懂地阐述从底层手稿画法到最终的着色方法等一系列手绘透视图所需的各项技术。本书不仅能够为建筑学或室内设计专业的学生提供学习资源，还被业界知名设计人士作为夯实基础、提升能力的工具。若本书能够为读者提高自身设计能力做出一些贡献，笔者将不胜感激。

汤浅祯也

目录

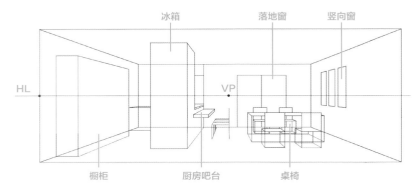

冰箱　落地窗　竖向窗

HL　VP

橱柜　厨房吧台　桌椅

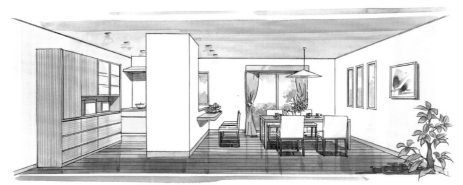

基准线

水平辅助线

VP2方向

纵深方向辅助线

VP1方向

HL　VP2

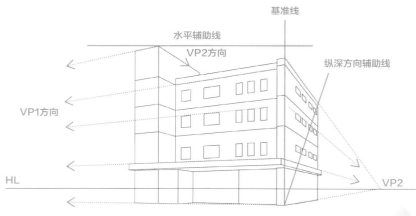

CHAPTER | 1

建筑透视图的基础知识

建筑透视图的基本概念

- 在建筑、室内设计领域，透视图是以平面图表现3D空间的效果图。
- 建筑透视图的常用远近法有：线条远近法、重叠远近法以及空气远近法等。

建筑领域中透视图的定义

透视图（perspective drawing）就是利用远近法将我们眼睛看到的事物在图纸上描绘出来的平面图。

在建筑物的建筑过程中，经常会用到平面图、立面图、断面图或展开图等图纸。这些专业图纸都在二维平面上绘制而成。如果画图人不具备一定的专业知识，那么最后完成的图纸必定无法达到预期的效果。因此，在绘制以上图纸的过程中，均应利用到本书涉及的透视图画法。建筑学中所谓的透视图，就是利用远近法将尚未完成的建筑物在图纸上立体地展现出来，即完成效果图。通过透视图全面立体地将建筑物的外观或室内构造展现出来，利用这种方法，即使是平面图也能达到很好的效果。

这里我们把呈现建筑物外部空间的透视图统称为建筑透视图，呈现建筑物内部构造的透视图称为室内透视图。由于是在图纸上进行透视图的绘制，所以更有利于我们把握建筑的整体构图。最近，出现了以CG加工图为代表的更具象化、更真实的透视图。但建筑物的外立面结构以及植被、盆栽的设置并没有固定的形式，手绘透视图的优点是可以将每一处细节都在图中展现出来。

室内透视图

建筑透视图

建筑透视图中常用的远近法

建筑透视图中常用的远近法主要有以下三种。

线条远近法

同样大小的物体出现在我们视线中的时候，距离我们越近的物体看起来越大；反之，距离我们越远的物体看起来就小。在画图时，距离我们较近的物体的线条需加粗加黑处理，而距离我们较远的物体的线条则应处理得更细更浅。

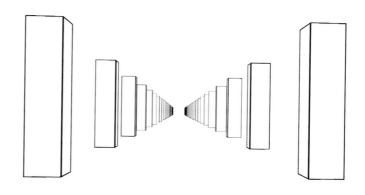

重叠远近法

指通过远处与近处物体重叠所体现出的位置的画图方法。远处物体的线条会被近处物体所遮挡，我们可以依此判断出远近关系。

空气远近法

指近处的物体尽量画清晰，远处的物体进行模糊处理的画图方法。通过远处物体的模糊感表现远近关系。

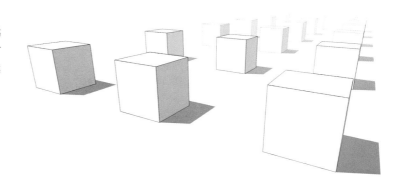

透视图的用途与种类

- 建筑透视图可以依据不同的场合或用途改变其表现方法。
- 建筑透视图分为一点透视图、两点透视图以及三点透视图等。

建筑物的建筑工序

设想　⇒　调查　⇒　计划　⇒　设计　⇒　确认　⇒　施工

建筑过程分为很多步骤，各个步骤需要用到不同的透视图。最近在最终设计阶段或作为广告使用的CG透视图逐渐成为主流。但是在设想或计划阶段，设计者们还是倾向于使用手绘透视图。我们需要根据工程或使用场合的不同选择最合适的透视图画法和表现手法。

小贴士

透视图的表现手法多种多样，主要有铅笔素描透视图、彩色铅笔透视图、水彩透视图、马克笔透视图、不透明透视图、CG透视图、VR（Virtual Reality）技术透视图等。

透视图的用途

用于营业——一幅优秀的营业用透视图，一定已经完全清楚地掌握业主想要利用的空间，而且这是一个企划案能够取得成功的重要条件。要想画出一幅有张力的透视图，线条的使用是基础，着色处理也起着非常重要的作用。

用于促销——常用于广告、海报等宣传画。给人们一定程度的视觉冲击固然重要，但要防止过于夸大，应保证一定的真实性。

用于建筑——用于建筑工地的各种指示工作。此类透视图注重的是尺寸与空间感，以及简单明了的内容。

用于考察——设计者的初步构想图，用于设计者之间的交流、思考等。

透视图的种类

常用的透视图有一点透视图、两点透视图以及三点透视图。以上透视图均存在至少一个灭点（也称为VP，见第12页），且均是基于透视图法的基础画法。本书着重介绍一点透视图与两点透视图的具体画法。

一点透视图

仅设定一个纵深方向的画法。只有一个灭点。适用于画室内空间。即使是在同一个空间里，也能通过调节视线高度和视点位置来改变可见方向。

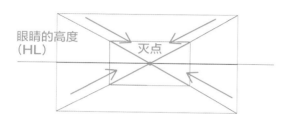

两点透视图

设定两个纵深方向的画法。有两个灭点。垂直线均互相平行。适用于画拐角处，常用于画建筑物的外部结构。

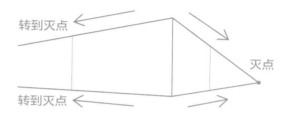

三点透视图

设定三个纵深方向的画法。有三个灭点。常用于表现仰望或俯瞰对象时的状态，适用于画高层建筑的外部结构。

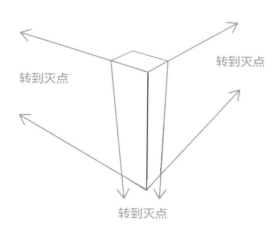

小贴士

三维立体图的画法除以上方法外，还包括等角画法和不等角画法。这两种画法利用的并不是透视图法，而是投影图法，所以均不存在灭点。建筑学中常用于画空间设想图。

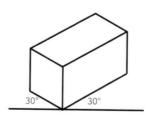

等角立体图

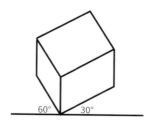

不等角立体图

远近表现的基本知识

基本概念

- 远近表现中，会出现灭点（VP）和视线高度（HL）两个概念。
- 若需在透视图中添加人物，则该人物的眼睛必须在HL之上。
- 即使是同一图纸，观察位置不同，观察方法也会产生变化。

VP（灭点）与HL（视线高度）

想象一下，我们站在一条铁路的中间向最远处看所看到的画面。如果没有任何遮挡物，我们可以看到地平线。虽然理论上两条铁轨是平行的，在任何时候都不会相交，但是我们看到它们在最远处变成了一个点。我们把这个点称为"灭点"，即VP。地平线也变成了与我们视线等高的一条水平线，我们把这条线称为HL。掌握了VP和HL这两个概念，今后不仅在透视图中会利用到，而且在风景画的绘制中也可以派上用场。

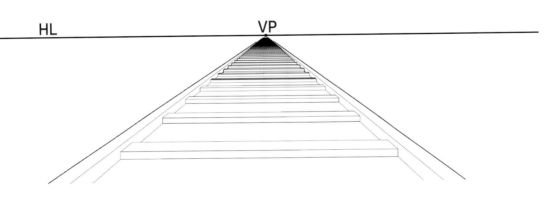

HL（Horizon Line）

与视线等高的水平线。置于HL之上的物体我们能看到的是其底面；反之，置于其下的物体我们能看到的将是其顶面。

VP（Vanishing Point）

不断向纵深方向延伸的两条平行线，视觉上会看到两条线在最远处相交于一点。这个点就是灭点或者消失点。一点透视图与两点透视图的VP均处于HL上方。

道路两侧有建筑物的时候，向纵深方向延伸的线和所有的道路一样，均指向灭点。VP在HL的上方，此时HL的高度就是正在看这幅图的人的视线高度。假若有多位与自己相同身高的人物出现在图中，则他们的眼睛也都会位于HL的上方。

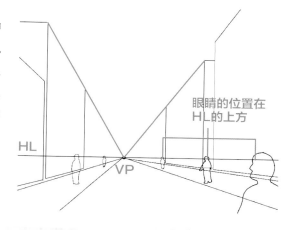

不同远近表现的看图方法

远近表现的一大特征，就是所有的线都向灭点方向延伸，所以即使是同一个物体，随着观察位置的变化，所看到的景象也会发生变化。这一概念对于彻底理解透视图画法有很重要的作用。

平面观察法

假设我们从正面观察一个正方形，四边都会是相等长度，且上下边与左右边分别都是平行与垂直关系。如果我们慢慢横向移动，那么距离我们稍远的正方形的一边会逐渐变短，而上下边则会逐渐倾斜。

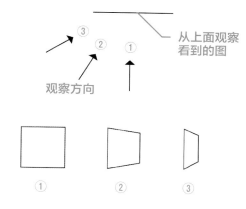

立体观察法

假设我们从正面观察一个正方体，我们也只会看到一个正方形，而改变观察位置，我们看到的将会是各种不同的立体图形。对于平面的观察需要空间想象力，尽量在平时多多练习立体的观察法，这对于我们今后的成长将是百利而无一害的。

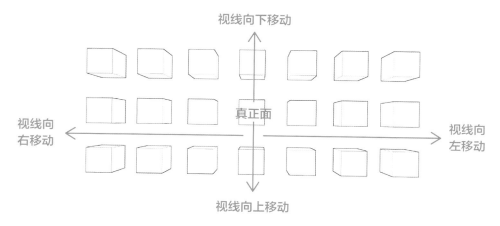

04 关于阴影

基本概念

- 阴影包括物体自身形成的暗面与物体投影到其他面上形成的影子。
- 物体自身暗面需利用颜色的浓淡处理表现出来，而影子则需利用涂抹画法呈现。
- 浓淡法不仅可以表现物体的立体感，还可以表现物体的远近感与质感。

暗面与影子

阴影包括阴和影两个概念。物体自身可形成的是暗面，即"阴"，由物体投射到其他面上形成的是"影"。

暗面（Shade）

物体自身形成的阴影。由于光源的照射，物体自身形成的较暗部分。

影子（Shadow）

由物体造成的阴影。由于物体遮挡光源，在其他物体上形成阴影部分。

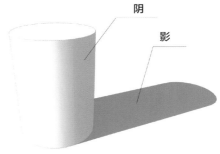

暗面的作用

物体自带的影，主要用于体现其立体感。从受光源直接照射的明亮部分到完全不受光源照射的阴暗部分都可以用颜色的浓淡来表现自带阴影。利用此方法可以体现线条的立体感，从而体现透视图的专业度。

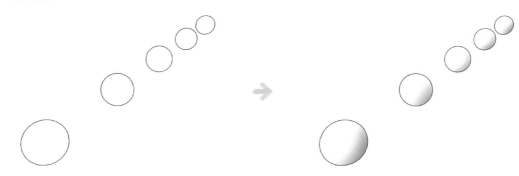

无法判断是圆还是球体　　　　　　　　　　画出自带阴影，很明显地变成球体

影子的作用

　　投影也会一定程度体现对象的立体感，其主要作用是更清晰地表现对象的形状及位置。投影利用涂抹法绘制，且不仅仅使用黑色，而是用比投影所在平面的颜色更深的颜色来完成。投影一般会用比较深的颜色处理，与此同时会强调与之相对的明亮部分，从而体现透视图的明暗关系。

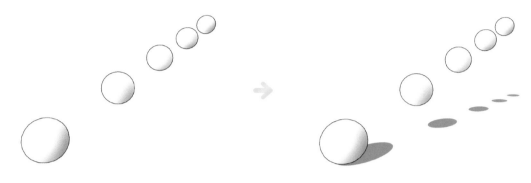

无法判断球体间的位置关系　　　　　　　　　　　　　　**通过增加投影，可以判断其高度**

　　建筑透视图通常会设定光源为斜上方45°，依此条件来画图会更容易体现建筑物的形状或房檐的位置。

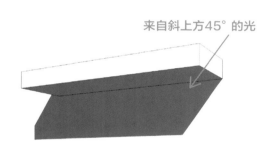

来自斜上方45°的光

　　室内透视图通常不会考虑人造光源的影响，而是设定光线从正上方投下。这会令对象的形状更清晰，使透视图更加自然。

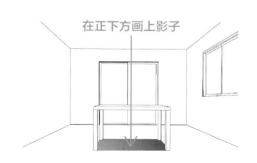

在正下方画上影子

颜色渐变的效果

浓淡法不仅可以体现物体的立体感，还可以达到以下效果。

远近感

同一平面，通过加深近处一端、浅化远处一端，使物体具有远近感。

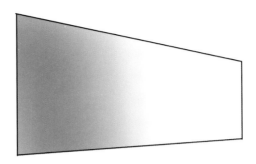

质感

通过反复加入明暗对比鲜明的直线进行浓淡化处理，可以体现出硬质材料（不锈钢）的质感。反之，选择明暗变化较弱的浓淡化处理方法，可以体现出柔软材料的质感。

CHAPTER

2

室内透视图的绘制方法

01

室内透视图底稿的基本画法

基本概念

- 室内空间主要使用一点透视图，按照1:20的比例绘制。
- 以观察面四边形为基础，确定VP和HL后进行绘制。
- 应最先确定纵深面，然后确定门窗开口处，最后完成家具等物体的绘制。

此步骤所用设计图

利用透视图的底稿，可以把握计划书或图纸内容，可以把设计者最想呈现的角度用具体的线条呈现出来。确定画图角度之后，将逐步加入必要信息（工具种类、尺寸等）。

此处我们将落地窗作为正面的角度，画出了平面图、落地窗所在面以及与其相邻的各个侧面的示意图。以下示意图仅供参考。

平面图

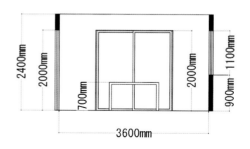

A 展开图

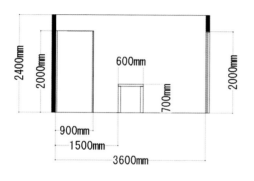

B 展开图

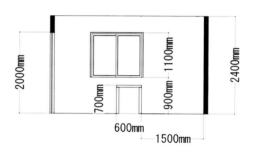

C 展开图

绘制步骤

依照下列顺序完成底稿的绘制。住宅的透视图通常利用一点透视图，按照1:20的比例画图。此处我们将在A4纸上完成一份底稿，根据用途可扩印或缩印该底稿。底稿所需要的画图工具请参照第96页详细内容。

完成图

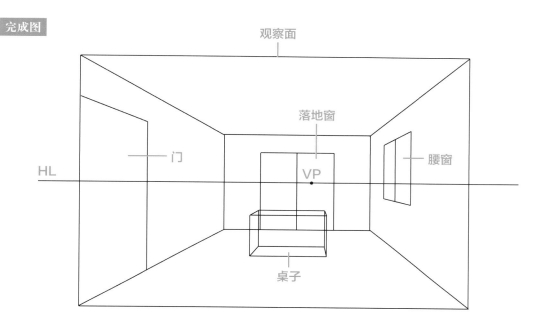

Step 1 画墙壁、地板、天花板

首先确定VP和HL。绘制室内透视图时，通常把坐在椅子上时的视线高度作为HL（此处为1200mm）。利用VP和HL确定近端观察面及纵深面，与纵深面连接的线条即为天花板、墙壁和地板。

↓

Step 2 画落地窗

确定落地窗的位置，测量其宽度及高度，并换算为透视图中所用单位，在纵深面画出落地窗。

↓

Step 3 画门

测量门的宽度及高度，并换算为透视图中所用单位，在左墙面画出门。

↓

Step 4 画腰窗

确定腰窗的位置，测量其宽度及高度，并换算为透视图中所用单位，在右壁面画出腰窗。

↓

Step 5 画桌子

此处我们选择画简单的箱形桌。在绘制不与墙壁接触的家具时，需要测量其长、宽、高度以及与前、后、左、右墙壁之间的距离。绘制时请勿混淆各个线条的方向。

Step 1 画墙壁、地板、天花板

❶画HL与天花板高度线

在草稿纸中央偏下位置画一条水平线作为视线基准。在左侧从下方1200向上画一条垂直于HL的线，表示天花板高度为2400。

> **小贴士**
>
> 以1:20的比例计算，实际尺寸为1200= 60mm，2400=120mm。**由于使用实际尺寸标记不利于读者理解，本书均以设计图的尺寸数值表示。**

❷标记正面观察面

以天花板标高线为准，画出透视图正面观察面（3600×2400）。

> **小贴士**
>
> 下方水平线表示地面，上方水平线表示天花板。

❸确定灭点（VP）

标记四个顶点为A、B、C、D。在HL中央偏右确定灭点，并连接A、B、C、D四点。与灭点连接的线段就表示墙壁或地面的延伸线。

> **小贴士**
>
> 灭点位置不同，看图方法也会产生变化。此处为保证左侧的门能全部表示，所以把灭点取在稍微靠右的位置。

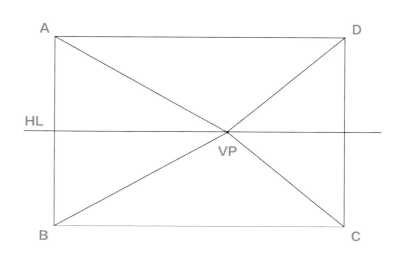

❹确定测点

HL线与线段AB的交点即为测点。连接测点与D点。

小贴士

测点是确定墙壁、窗户或家具位置时的基准点。以测点与延伸线的交点为起点画线,各对象的位置都会被确定下来。一般情况下都是取HL线与正面相交的点中距灭点较远的点作为测点。

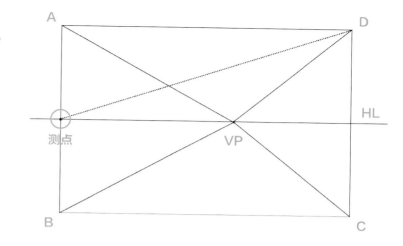

❺画透视图中远端的面①

此步骤需画出透视图中最远端有落地窗的面。在A点的延伸线与测点和D点线段的交点处画一条垂直线与B点的延伸线相交。再从此交点画一条水平线与C点的延伸线相交。

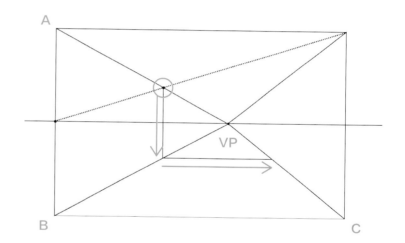

❻画透视图中远端的面②

接着从第5步最终所取的交点画一条垂直线与D点的延伸线相交,然后再从此交点画一条水平线与A点的延伸线相交。此矩形便为透视图中远端的面。

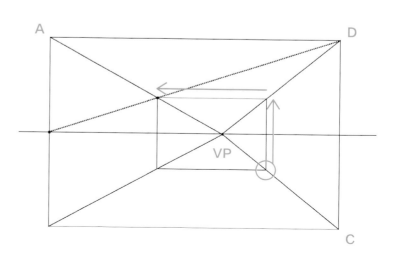

❶确定落地窗位置

在纵深面绘制落地窗。在BC线段上取墙壁与落地窗的距离（900）以及落地窗宽度（1800）的两点，并与灭点连线。

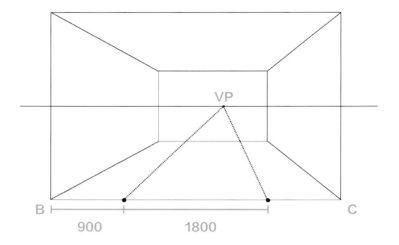

❷确定落地窗的宽度

取第1步中两连线与纵深面地板线的两交点，画出垂直于地面的两条线段，便成功画出了落地窗的宽度线。

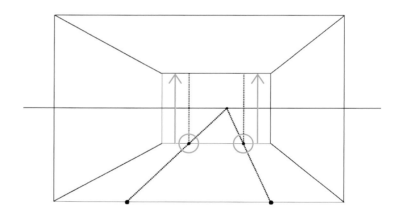

❸确定落地窗的高度

在CD线段上取与落地窗等高线段的点（2000），并与灭点连接，从该线与纵深面的交点向左画一条水平线。此线就是落地窗的高度线。

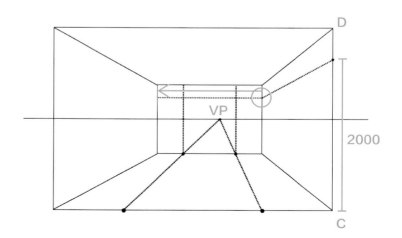

❹最终确定落地窗

落地窗的宽度线与高度线构成的矩形就是落地窗的窗框。画出矩形的对角线并画一条经过对角线交点的垂直线段，便完成了落地窗的绘制。

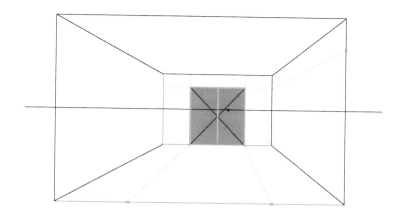

Step 3 画门

❶确定门的高度

在左侧墙壁上画门。在线段AB上取与门等高线段的点（2000），并与灭点连接。

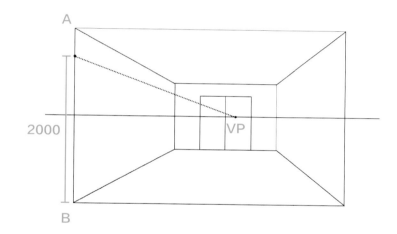

❷确定门的宽度

在线段AD上取与门等宽（900）的点，并与测点连接。取此线与A点的纵深线的交点，并画一条垂直于地面的线段。

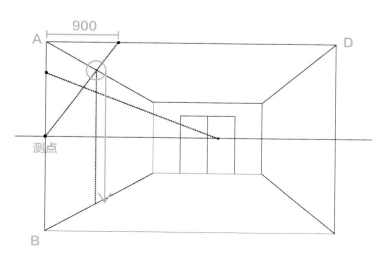

❸确定门的位置

门的宽度线与高度线构成的矩形就是门的位置。

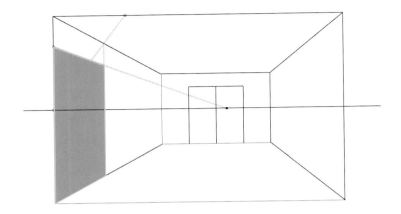

Step 4 画腰窗

❶确定腰窗的高度

在线段CD上分别取地面至腰窗的距离（900）与腰窗高度（1100）的两点，并与灭点连接。

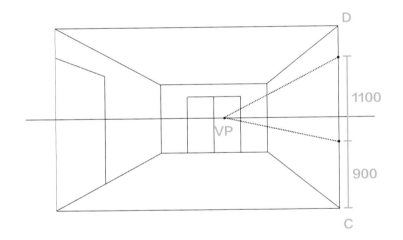

❷确定腰窗的宽度

在线段AD上分别取A点至腰窗的距离（1500）与腰窗等宽（1200）的两点，并与测点连接。取这两条线与A点纵深线的交点，并分别向右画两条水平线，两交点相交于D点纵深线。

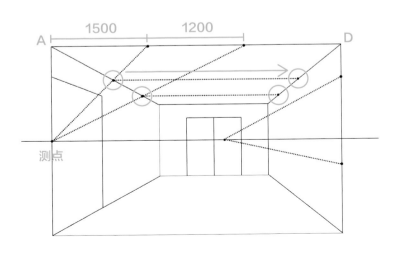

❸确定腰窗的窗框位置

从上述步骤所得两点画两条与地面垂直的线段，其与腰窗的高度线构成的矩形便为腰窗的窗框位置。

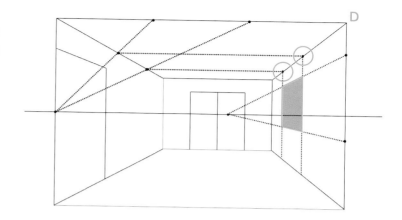

❹画腰窗的拉手部分

画上述步骤所得到的矩形的对角线，并画一条垂直于地面的线段，便完成腰窗的拉手部分。

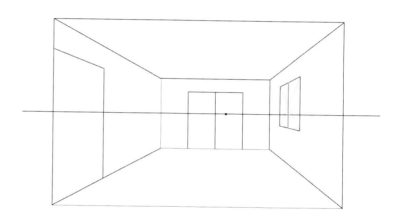

Step 5 画桌子

❶确定桌子的位置①

在线段BC上分别取B点至桌子的距离（1200）与桌子长度（1200）的两点，并分别与灭点连接。

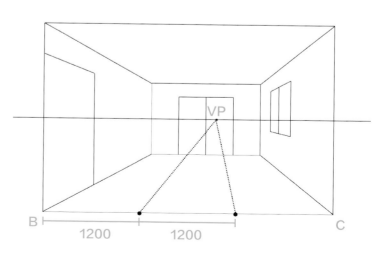

❷确定桌子的位置②

在线段AD上取A点至桌子的距离（1500）与桌子宽度（600）的两点，并分别与测点连接。取以上两条线段与A点纵深线的两交点，并分别画垂直于地面的两条线段，取这两条线段与B点纵深线的两交点。

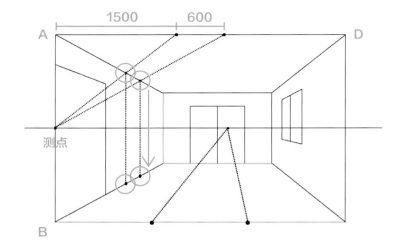

❸确定桌子的位置③

从第2步最终所取的两个交点分别向右画两条水平线，其与第1步中得到的两条线段构成的矩形便是桌子的位置。

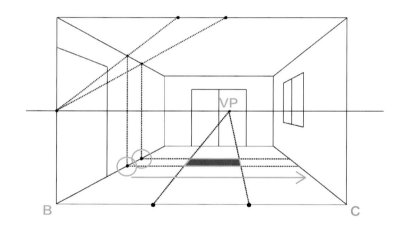

❹确定桌子的高度线①

在线段AB上取B点至桌子的距离（700）的点，并与灭点连接。取其与左墙面两条垂直线的两交点。

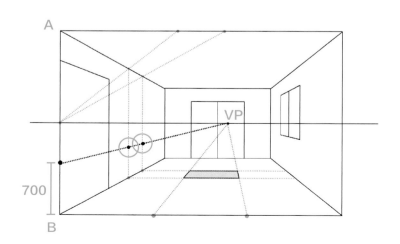

❺确定桌子的高度线②

从第4步所得两个点分别向右画两条水平线。这两条线就是桌子的高度线。

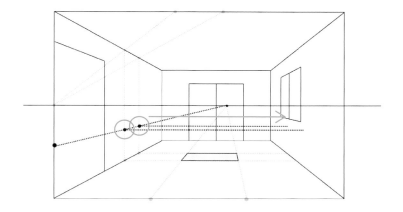

❻画桌脚

从桌脚的4个点向上画4条垂直于桌子高度线的线段。这4条线段即桌脚部分。

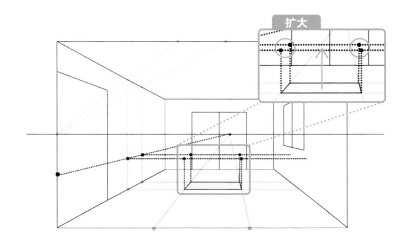

扩大

❼画箱型桌子

分别将桌子的顶面与地面的4个点连接起来，就完成了桌子的绘制。

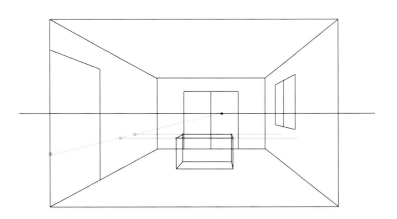

基本概念

- 掌握从图纸准确读取对象长度、宽度、高度的方法。
- 随着对象增多，辅助线也随之增多，要注意每条线与对象的对应关系。
- 从距离近的家具开始画起。

此步骤所用设计图

与一般情况相同，需要准备平面图和展开图。此步骤列举了厨房的透视图画法，所以观察面的宽度足够宽。增加了货架、桌子、椅子等家具，请尝试在图中确定各个家具的尺寸示意图。

平面图

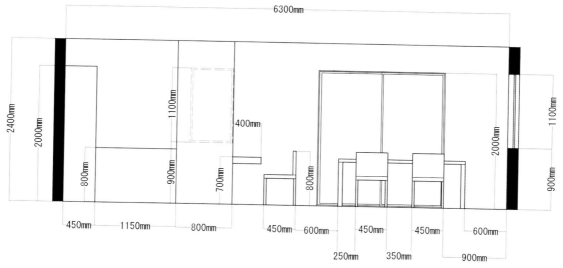

A 展开图

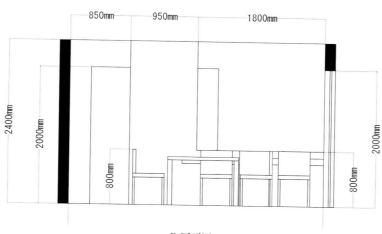

B 展开图

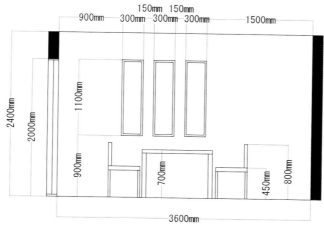

C 展开图

绘制步骤

依照以下步骤完成透视图的绘制。首先画出一个大框架，然后依次完成每一个物体的绘制，集中注意力。辅助线会随着绘制的进行变得越来越复杂。为了避免混淆透视图的各项因素，最初采取轻描淡写的方法会比较利于后期的处理。此步骤利用的也是一点透视图并按照1:20的比例进行绘制。

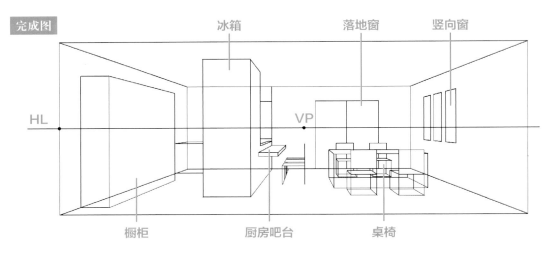

冰箱　落地窗　竖向窗

HL　　VP

橱柜　　厨房吧台　　桌椅

 画墙壁、地板、天花板

首先确定VP和HL。HL还是设定为1200。此处重点介绍的是厨房吧台附近的绘制方法，所以把VP点取在稍靠右的位置。VP与各顶点的连线就是天花板、墙壁和地板。

↓

 画纵向窗

确定纵向窗的位置，测量其宽度及高度，并换算为透视图中所用单位，在右侧墙壁面画出纵向窗。由于此处有三个纵向窗，辅助线会变得很多。请特别注意正确读取窗户的形状。

↓

 画落地窗

确定落地窗的位置，测量落地窗的宽度及高度，并换算为透视图中所用单位，在纵深面画出落地窗。

↓

 画家具与橱柜

确定每件家具的位置，再确定家具的高度线，以完成每件家具的绘制。此步骤需要利用水平方向和纵深方向的尺寸转换。

↓

 画桌椅

桌椅的位置与高度线的确定及绘制与家具的绘制方法相同。桌椅的绘制需要画多条辅助线，此处也画箱形桌子即可。

↓

Step 6 **画吧台及其周围**

此步骤画厨房所设置的吧台及吧台附近的椅子。椅子顶面的线条会非常细，请注意不要混淆线条的对应关系。

Step 1 画墙壁、地板、天花板

❶画正面观察面

画一个6300×2400的矩形作为透视图的观察面。并取一条距离地板1200的水平线作为HL。

小贴士

透视图数据均以1:20的比例绘制。此处观察面为6300=315mm，2400=120mm。另外，一般情况下通常会先画HL，但在观察面过宽的情况下，先画观察面会更容易保持透视图的整体美观。

❷确定VP与测点

将观察面四个顶点记为A、B、C、D。在HL上确定VP位置，并将距VP较远的线AB与HL的交点记为测点。

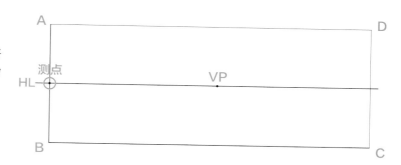

❸确定纵深线

分别将点A、B、C、D与VP连接，画出纵深线。在线段AD上取与房间纵深距离3600相同的点，并与测点连接。

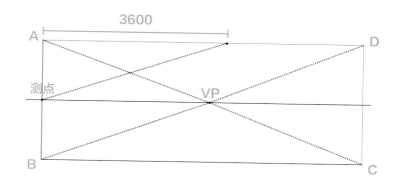

❹画墙壁、地板、天花板

在A点的纵深线与第3步所取线的交点处画一条垂直线至B点的纵深线，并依次向各顶点的纵深线画水平和垂直线。确定最远端墙面的同时也确定了墙壁、地板、天花板。

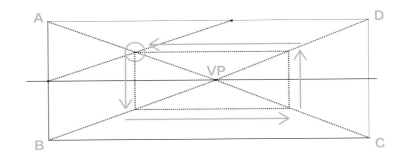

Step 2 画纵向窗

❶确定纵向窗的高度

在线段CD上分别取纵向窗至地板的距离（900）与窗高（1100）的两点，并分别与VP连接。纵向窗高度就此确定。

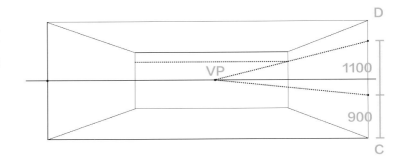

❷计算三个纵向窗的
纵深位置

纵向窗有三个。在AD上分别取三个纵向窗对应位置的点（距离观察面1500与各个窗间距离150）及纵向窗宽度（300），并分别与测点连接。

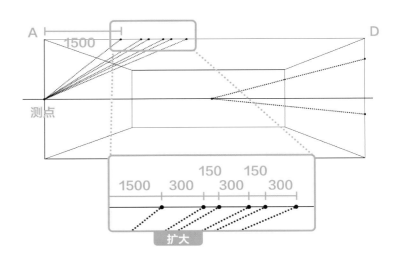

❸确定纵向窗

在第2步所取各条线段与A点的纵深线的交点分别向D点的纵深线画水平线，并向地面画垂直线。各条垂直线与纵向窗高度线构成的三个图形便为纵向窗。

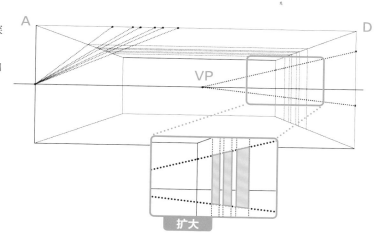

Step 3 画落地窗

❶确定落地窗位置

由于落地窗高度与纵向窗顶部高度相同，此处可以利用纵向窗的高度线。从纵向窗高度线与远端墙面的交点向左画一条水平线，此水平线即为落地窗的高度线。然后在线段BC上分别取落地窗至右侧墙壁距离（900）与落地窗宽度（1800）的两点，并分别与灭点连接。

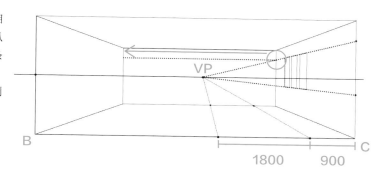

❷确定落地窗

分别在第1步所取线段与远端墙面的两交点处向上画两条垂直线。两条垂直线与落地窗高度线构成的图形便是落地窗。

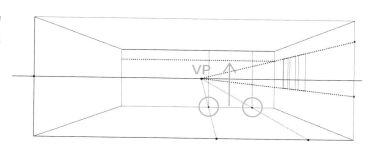

❸画落地窗的中轴

从落地窗的对角线交点画一条垂直线，此垂直线就是落地窗的中轴线。

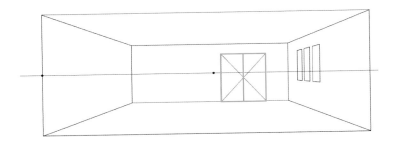

Step 4 画家具与橱柜

❶确定每件家具的水平位置

首先，在线段BC上取各个家具对应的水平位置点，并分别与VP连接。

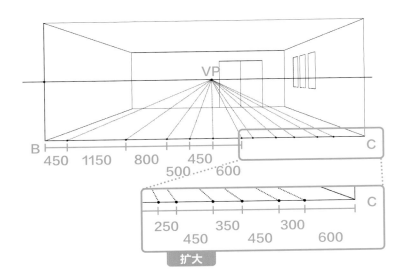

❷确定橱柜的位置

在线段AD上分别取橱柜的纵深位置（300）与橱柜宽度（1800）的两点，并分别与测点连接。从上述线段与A点纵深线的交点分别向下画垂直线至B点纵深线，并向右画水平线至上一步所取橱柜的水平位置线。橱柜的底面位置就此确定。分别从两个交点向上画垂直线，记为S2和S3。

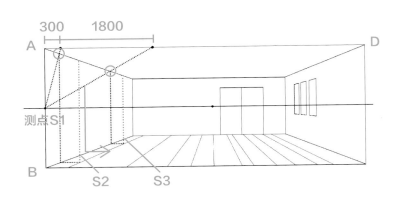

❸ 确定橱柜

在线段AB上取橱柜高度（2000）的点，并与VP连接。从上述线段与S1的交点向右画水平线至S2，并与VP连接。以上线段与上一步所取线构成的图形便是橱柜。

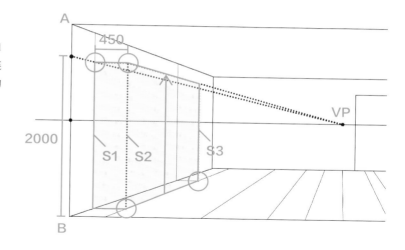

❹ 确定冰箱位置

在线段AD上分别取冰箱的纵深距离（850）与冰箱宽度（950）的两点，并与测点连接。从上述线段与A点纵深线的交点分别向下画垂直线，并向右画水平线至冰箱的水平位置线，冰箱的底面位置就此确定。另外，从连接850的点至测点的线段与A点纵深线的交点向右画一条水平线至D点纵深线（天花板水平线）。

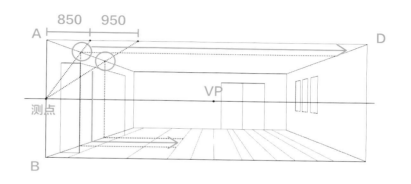

❺ 确定冰箱

将冰箱底面可见的三个顶点记为R1、R2、R3。分别从点R1、R2向上画垂直线至第4步所取天花板水平线，冰箱的近端面就此确定。将R2点垂直线与天花板水平线的交点与VP连接，并从R3点向此线画一条垂直线，冰箱位置就此确定。另外，从冰箱水平位置线与远端墙面的交点向上述线段画一条垂直线，此垂直线将用于绘制厨房吧台。

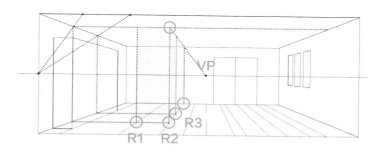

Step 5 画桌椅

❶ 确定桌椅位置

在线段AD上分别取桌椅纵深位置
对应的点，并分别与测点连接。在上
述线段与A点纵深线的交点处分别向
下画垂直线，再向右画水平线至C点
纵深线。

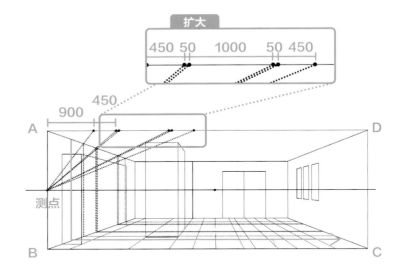

❷ 确定桌椅的底面位置

第1步所取的各条水平线与第34页
中桌椅对应的各条水平位置线构成的
图形便是桌椅的底面位置。

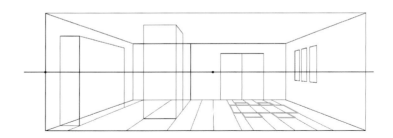

❸ 确定桌椅的高度

在线段CD上分别取地板至椅子底
面的高度（450）、座椅至桌子的距离
（700-450=250）、桌面至椅背最高点
的距离（800-700=100）的3个点，并
分别与VP连接。从桌子的底面4个顶
点及近距离的两把椅子底面的4个顶
点分别向上画垂直线，并超过上述高
度线。

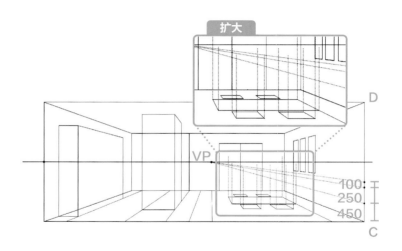

❹画椅背与座位①

从近端右侧椅子的底面C1点向右画一条水平线至C点纵深线，并向上画垂直线至上一步所取椅背高度线，其与各条高度线的交点便为椅背与座位的高度。

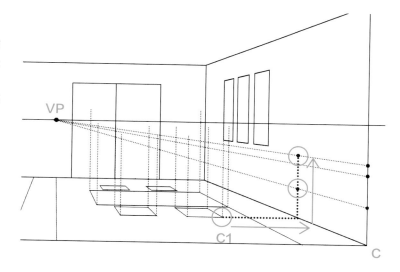

❺画椅背与座位②

分别从上述交点向左画水平线，标记与椅子底面向上的垂直线的八个交点，并分别与VP连接。

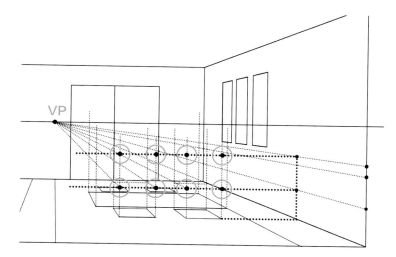

❻确定椅子

上述各交点与VP的连线与底面向上的各条垂直线构成的图形便是各椅子。

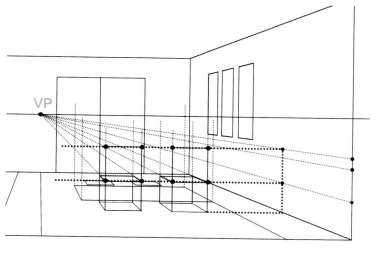

❼画桌子

将桌子底面近端水平线延伸至C点纵深线，并向上画垂直线至桌子的高度线，再向左画一条水平线。将此水平线与第3步中各条垂直线的交点与灭点连接，各个交点组成的图形便是桌子。

小贴士

桌子右侧远距离的桌脚被近距离椅子遮挡,此处无须绘制。

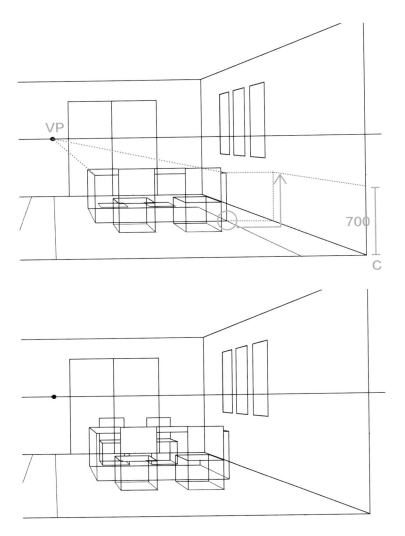

❽画远距离的椅子

按照同样方法画远距离的两把椅子。远距离的椅子由于没有画底面向上的垂直线，请注意勿遗漏对应部分。

Step 6 画吧台及其周围

❶确定吧台椅子位置

在线段AD上取吧台椅子的纵深位置对应的点，并分别与测点连接。从各条线段与A点纵深线的交点分别向下画垂直线至B点纵深线，并向右画垂直线至第34页所取吧台水平位置线。吧台椅子的底面就此确定。

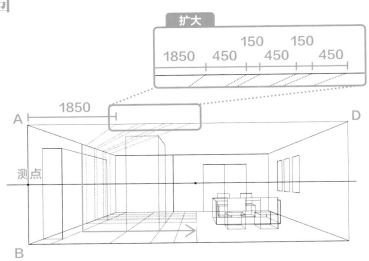

❷确定吧台椅子的高度

从各吧台椅子底面的顶点分别向上画垂直线。在线段AB上取椅背高度（450）的点，并与VP连接。标记上述线段与第1步左侧墙面上各条垂直线的交点，并从各交点向右画水平线至吧台椅子底面顶点向上的垂直线，标记各交点，并与VP连接。吧台椅子的高度就此确定。

小贴士

吧台椅子的尺寸与第1步椅子的尺寸相同。

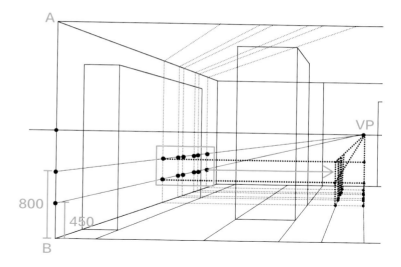

❸确定吧台椅子

确定吧台椅子的椅腿、椅座及椅背，完成吧台椅子的绘制。

小贴士

线条纷乱复杂，切勿混淆。此处各椅子的椅背线已几乎重合，可以用同一条线表示。

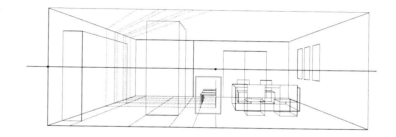

❹确定吧台位置

在线段AD上取吧台纵深距离（1600）的点，并与测点连接。从此线段与A点纵深线的交点向下画一条垂直线，再向右画一条水平线至吧台水平位置线（2800）。另外，从吧台水平位置线与远距离墙面的交点向上画一条垂直线。

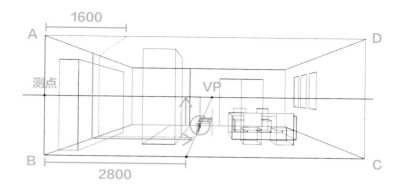

❺确定吧台高度

在AB上分别取厨房灶台高度（800）与吧台高度（700）的两点，并与VP连接。从上述线段与远距离墙面左侧线的交点分别向右画水平线并画垂直线。

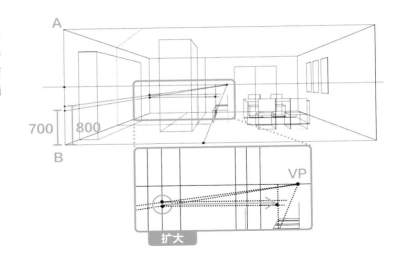

❻确定吧台台面位置

将第5步所画水平线与第35页远距离墙面上的垂直线的交点分别与VP连接，并延伸至冰箱，吧台台面的位置就此确定。

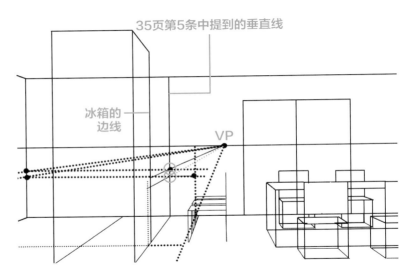

❼完成厨房绘制

依据第4步所画垂直线与吧台高度线完成吧台绘制。吧台厚度并无指定，所以此处可任意处理。接下来，在线段AD上取灶台侧的纵深距离（3000）的点，并与测点连接。从上述线段与A点纵深线的交点向下画一条垂直线，再向右画一条水平线。此水平线就是厨房的底面。灶台的顶面可以依据橱柜的高度线与远端墙面左侧线的交点为基准，适当画出顶面厚度。

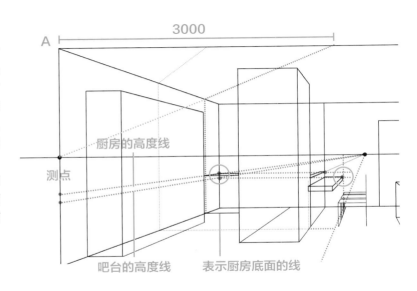

吧台近端的线为K1点与VP的连线。经过第39页所画的1600水平线与冰箱的交点的垂直线构成了吧台台面部分的近端，所以此垂直线与从K2点向右延伸的水平线形成的图形就是吧台的顶面。

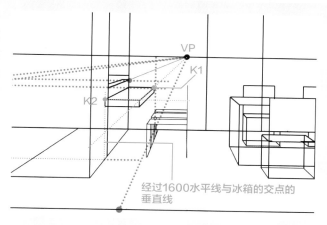

经过1600水平线与冰箱的交点的垂直线

❽画厨房窗户

　　画远端墙面上的纵向窗。此纵向窗顶部高度与落地窗相同，故可以利用落地窗的高度线。在线段CD上取地面至纵向窗距离（900）的点，按照第33页中画落地窗部分第1步的方法画纵向窗下部的线。

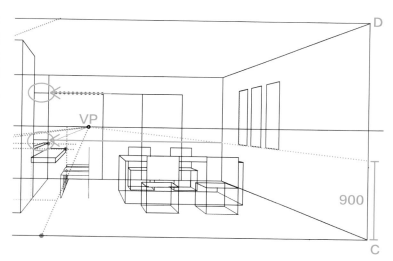

❾完成室内透视图

　　一个完整的室内透视图的所有要素均已画出。擦去多余的线条，完成室内透视图的绘制。

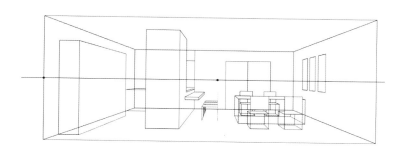

室内透视图的铅笔修图方法

基本概念

- 室内空间的点景均按照箱子形状进行绘制。
- 为防止弄脏透视图，一般从近端物体开始绘制。
- 物体的背光部分用线条表现，而阴影部分用擦涂的方式来表现。

室内透视图常用的点景绘制方法

　　室内透视图中的点景通常包括椅子、盆栽、灯。在绘制这些点景时，大致按照画箱子形状的方法进行绘制，将更容易保持透视图整体的美观。

椅子

椅子有多种样式，通过观察照片与实物，准确把握各类椅子的形状。

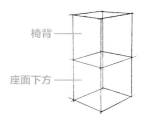

❶按照箱子的画法确定椅子的大小　　❷大致绘制　　❸完善细节：膨胀部分表现、厚度表现

灯具

圆形吊灯的绘制分为悬挂部分和灯具，将两部分作为两个箱子进行绘制。

❶按照箱子的画法确定悬挂部分与灯具的大小　　❷大致绘制　　❸完善细节

盆栽

盆栽也包括多种样式，通过观察照片绘制叶片形状。与树枝不同，若不顾细节按统一大小绘制叶片，就会失去透视图的立体感，因此应表现出叶片的重合部分。

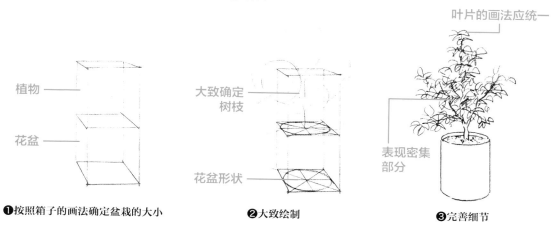

❶按照箱子的画法确定盆栽的大小　　　　**❷**大致绘制　　　　**❸**完善细节

绘制步骤

由于铅笔透视图只利用单色完成绘制，为避免透视图显得过于单调，需要着重表现出明暗对比与线条的强弱关系。修图步骤需要将此前所画底稿打印出来，在此基础上，通过附加练习纸或美浓纸等半透明纸张进行修图。底稿中作为观察面的外框线条以及HL等，修图步骤中将不再出现。

完成图

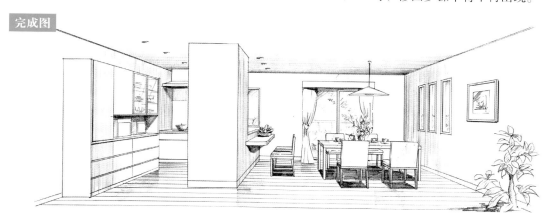

Step 1 誊写底稿，添加细节

重新誊写底稿的线条，加上窗棂、窗帘及灯具等细节部分。

↓

Step 2 画点景与接缝处

加入点景、家具及地板的接缝等细节。注意各个部分的立体感及线条的方向。

↓

Step 3 画阴影

最后加入阴影处理。注意阴影的方向，同一平面的笔触方向应保持统一。

Step 1 誊写底稿，添加细节

❶ 确定点景位置

誊写之前应先确定各点景（盆栽、灯具、装饰框、小物件等）的位置，可以在底稿上粗略地画出。此步骤也可一并表现墙基等细节。

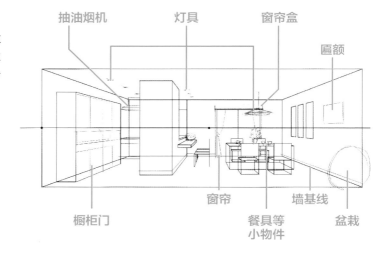

抽油烟机　　灯具　　窗帘盒　　匾额

窗帘　　墙基线

橱柜门　　餐具等小物件　　盆栽

❷ 从近处的物体开始绘制

将誊写用练习纸覆盖于底稿上，从近端的物体开始绘制。此处从距离观察面最近的盆栽开始绘制，然后是距离最近的墙壁、橱柜等。此处应注意的技巧是：距离观察面越远，线条就越细。

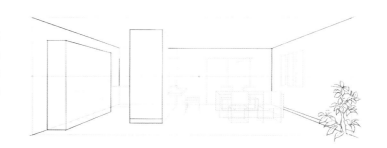

一般情况下，盆栽会放在最后绘制，但是此处因为其在距离观察面最近的地方，加之与墙壁地面的线条重合，所以优先画。若从最远端开始绘制，将会频繁出现需要擦除被遮挡部分的情况，最终导致透视图的整洁度下降。

❸ 画远端的线条

绘制远端的窗户以及厨房吧台，完善窗棂、灯具及窗帘盒等细节。

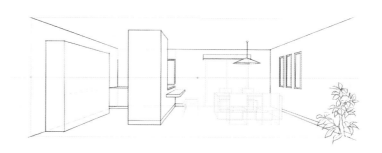

Step 2 画点景与接缝处

❶完善右半部分点景

完善透视图右半部分的桌椅、落地窗、窗框、窗帘、装饰框部分。由于桌椅部分是按照箱体形状绘制，只需在其基础上加工表现出桌椅腿、顶面以及椅座面等细节即可。

小贴士

绘制桌椅或窗帘盒等硬质对象时，用较笔直锋利的线条表现；而像窗帘这样柔软的对象则需要用相对较粗的线条来表现。

❷完善左半部分点景

完善透视图左侧厨房吧台周围的家具及点景（灯具、橱柜的细节部分）。抽油烟机一类与墙壁或天花板接触的对象需要再次确认其节点。

小贴士

绘图时请注意家电或小物品的远近位置关系。利用适合该透视图的画法绘制小物品即可，不必过分追求细节。

❸画地板接缝

距离观察面较近的地板接缝需加粗处理，较远的地板接缝则会变细变浅，通过此方法体现出透视图的远近感。另外，地板接缝的宽度随着距离变远会逐渐缩小。

Step 3 画阴影

❶ 画物体背光部分

　　背光部分一般利用多条线段来表现，且同一平面需要保持线条的方向一致，通过此方法体现出透视图的纵深感觉。同时在地面上加入家具等的阴影。

> **小贴士**
>
> 绘制橱柜的倒影时，只需从拐角部分向地面画一条垂直线，以此垂直线为基准画阴影部分，透视图的效果不但不会虚化，反而会更有立体感。

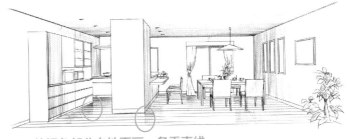

从拐角部分向地面画一条垂直线

❷ 画阴影

　　物体的阴影利用浓重的擦涂法来表现。室内透视图都是以光线垂直射下为前提，因此需要在各个家具的正下方画阴影。最后完善窗户及橱柜玻璃面的线条浓淡处理，再增添户外景色及收纳物的细节部分。观察透视图整体，调整线条强弱及阴影部分，完成透视图的绘制。

> **小贴士**
>
> 对象投在地面上的阴影部分加深处理后，透视图的整体性会体现出来。另外，天花板与墙壁、墙壁与地面的接缝处进行加深处理后，可以提升透视图的完整度。

建筑透视图的绘制方法

建筑透视图底稿的基本画法

基本概念

- 建筑透视图一般情况下为两点透视图，其中一个灭点会出现在图纸外。
- 通常将最靠近观察者的拐角的垂直线作为基准线，处于最高高度的水平线作为水平辅助线。
- 利用纵深辅助线，在侧面确定各对象位置。

此步骤所用设计图

　　建筑透视图一般情况下为两点透视图。是将建筑物正面的左侧或右侧作为基准，视角稍微有所倾斜的透视图。因此，建筑透视图必需有平面图、正面方向的立面图及侧面方向的立面图。由于此处示例将左侧拐角作为基准进行绘制，所以准备了左侧墙面的侧面图。

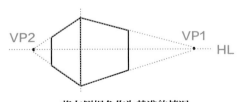

将左侧拐角作为基准的情况

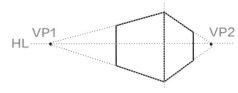

将右侧拐角作为基准的情况

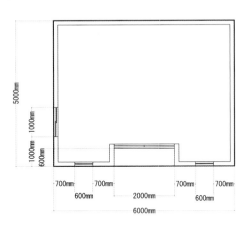

平面图

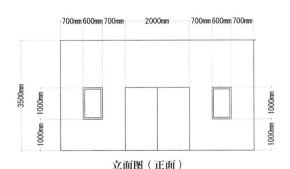

立面图（正面）

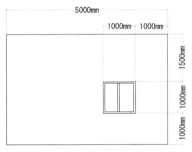

立面图（左侧面）

绘制步骤

建筑透视图会依据建筑物的大小选择合适的比例进行绘制。对于示例中绘制的平房，可以采用1:30的比例进行绘图。建筑透视图通常会出现两个VP，其中的一个VP甚至两个VP都不会在透视图中出现。本书示例将侧面的VP放在图纸内，而正面的VP则不会在图纸内出现。对于此种情况，可以利用VP是建筑物水平方向线上的点这一性质，延长建筑物水平方向的线与正面墙壁上方的线，两条直线的交点便是VP。

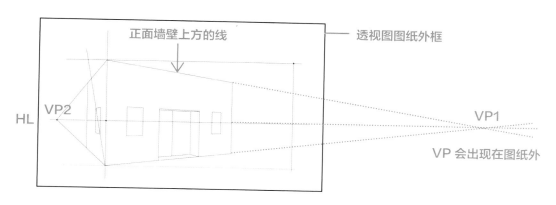

另外，将最近端的墙角垂直线设定为基准线，标记基准线与HL的交点为CP（中心点）。与一般作图法中的CP定义不同，此示例中的CP与室内透视图中的测点作用相同，用于确定正面及侧面各物体的位置。只是在两点透视图中更换其名称为CP。

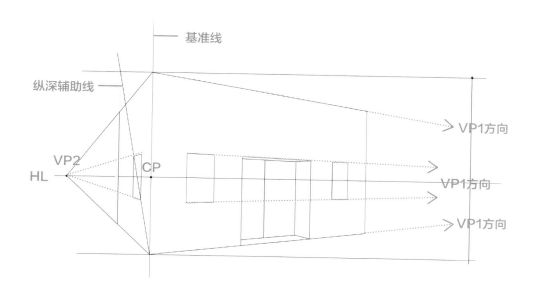

Step 1 画正面墙壁

以1:30的比例，向VP1方向画HL（1500）及正面外壁的上下方线条。

↓

Step 2 画侧面墙壁

确定VP2，并画出侧面外壁。此处需画一条纵深方向的辅助线，方便作图。

↓

Step 3 画正面门窗

画正面门窗，门窗上下方线条方向均向VP1方向。

↓

Step 4 画侧面窗户

利用VP2方向线与纵深方向辅助线画侧面窗户。

↓

Step 5 画入口处的凹陷部分

为体现透视图的立体感，此步会画多条辅助线，需清楚把握各条线的方向。

Step 1 画正面墙壁

❶画墙壁高度的基准线

首先画HL水平线与垂直方向基准线。在HL下方画一条距HL1500的水平线作为GL（地平线），然后在HL上方画一条距GL3500的水平线作为正面墙壁的高度线。

小贴士

在两点透视图中，我们把建筑物的高度线称为水平辅助线，用其确定各个物体的位置。

❷确定正面墙壁的倾斜度

记垂直基准线与建筑物高度线的交点为A，在水平辅助线上取距A点6000的D点，并向下画一条垂直线。正观察面就此确定。再从A点向VP1方向画任意一条线。

小贴士

若想使透视图更有张力，可以取一个较小的角度画线。此线与HL的交点便是VP1。

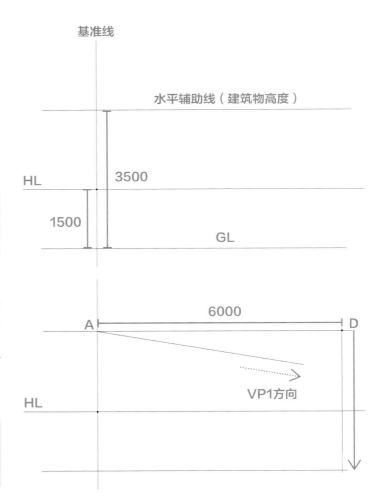

❸画正面墙壁右侧的线 ①

连接D点与CP，从此线与第2步所画线的交点向下画一条垂直线，此线便是正面墙壁右侧的线。

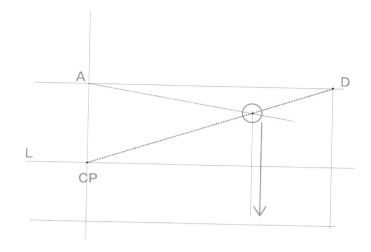

❹画正面墙壁右侧的线 ②

连接CP与正观察面右下角C点，标记此线与第3步所画墙壁右侧线的交点。正面墙壁的高度就此确定。

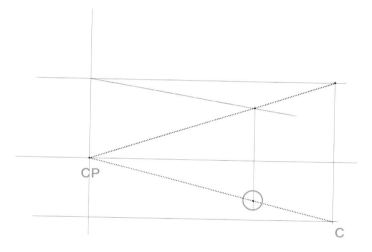

❺确定正面墙壁的外形线

连接第4步所取交点与正观察面的左下角B点。此线段便是正面墙壁下方的线（GL）。正面墙壁的外形线就此确定。

小贴士

此条正面墙壁下方的线也是朝向VP1的方向。

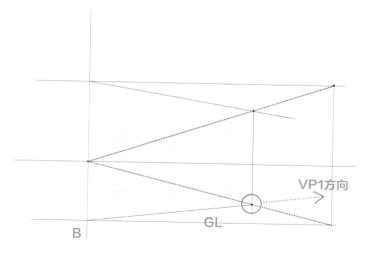

Step 2 画侧面墙壁

❶ 确定VP2

在垂直基准线左侧HL上任取一点作为VP2。并分别与点A、B连接。

小贴士

若想使透视图更有张力，可将VP2设定在距离垂直基准线较近的地方。请兼顾VP1，合理确定VP2的位置。

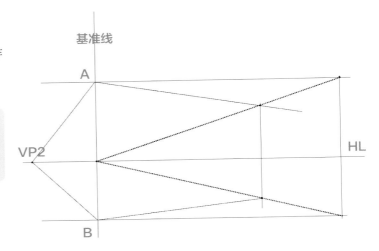

❷ 画纵深方向的辅助线

在垂直基准线上取距B点5000的点，并与VP2连接。在此线段上任取一点画一条垂直线作为左侧墙壁的外形线，并与B点连接。此线便是纵深方向的辅助线。

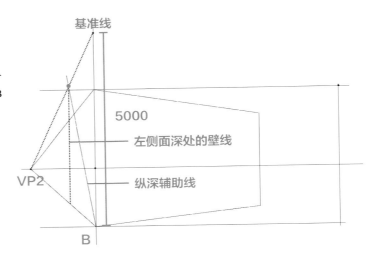

小贴士

利用纵深方向的辅助线，可确定侧面墙壁上各个物体的位置。

在正方形中，顶点到边上任意点的距离都与此点到对角线的距离相等。（图1）

透视图侧面上下边的方向都朝向VP，看起来是倾斜状态，但实际上两条线是互相平行的状态。在任意位置画一条垂直线，其与垂直基准线及侧面上下边构成的图形都是正方形。在垂直基准线上取距地面长度为A的点，并连接此点与VP。此点和连线与对角线交点间的距离也为A（图2），依据此方法可以确定各物体的纵深位置。此处我们将对角线设定为纵深辅助线。

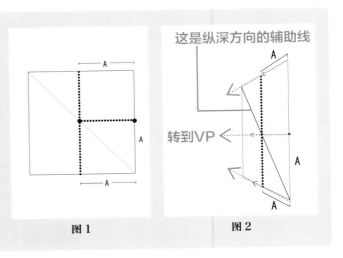

图1   图2

Step 3 画正面门窗

❶ 确定正面墙壁窗户的高度

　　在垂直基准线上分别取距GL1000的点与窗高1000的点，并分别向右画水平线至线段CD，标记交点。

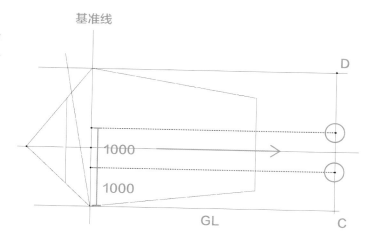

❷ 确定正面墙壁窗户的高度线

　　分别将上述两个交点与CP连接，标记其与正面墙壁右侧线的两交点，并分别与垂直基准线上的两点连接。正面墙壁窗户高度线就此确定。

小贴士

正面墙壁窗户的两条高度线也是朝VP1方向。另外，由于门的高度也是2000，所以窗户上部的高度线即为门的高度线。

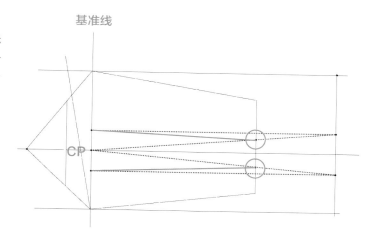

❸ 画正面墙壁门窗的宽度线

　　在水平辅助线（AD）上取门窗水平位置对应的点，并分别与CP连接，标记各条线段与墙壁上部线的6个交点。

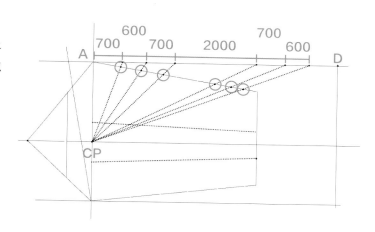

❹确定正面墙壁门窗的位置

从上一步所取各个交点分别向下画垂
直线。确定正面墙壁窗户与门的位置。

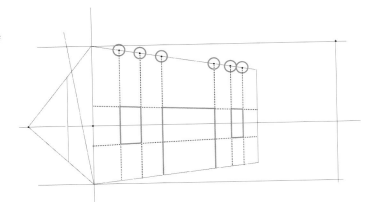

画侧面窗户

❶画侧面窗户的高度线

在垂直基准线上分别取距GL1000与
窗高1000的点，并与VP2连接。

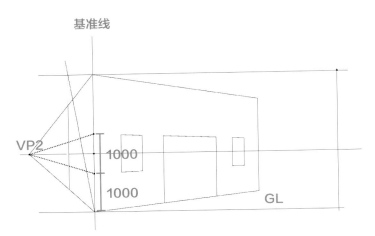

❷确定侧面窗户的纵深位置

在垂直基准线上分别取距GL1000与
窗高1000的点，并与VP2连接（此处画
线与第1步为相同线段，可直接利用第1
步所画的线）。标记两条线段与纵深方向
辅助线的两个交点，并分别画两条垂直
线。两条垂直线与侧面墙壁窗户高度线
构成的图形便是侧面窗户。

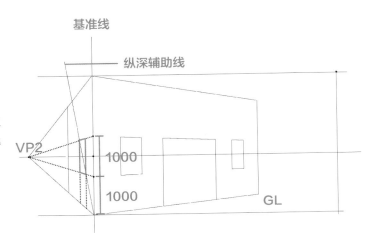

Step 5 画入口处的凹陷部分

❶ 画入口处凹陷部分的高度线

　　在垂直基准线上分别取门凹陷部分高度600与门高度2000的点，并分别与VP2连接。从下方线段与纵深方向辅助线的交点画一条垂直线。

小贴士

垂直线高度需超过上方线段。

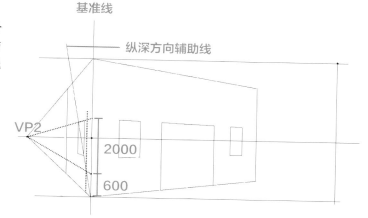

基准线

纵深方向辅助线

VP2

2000

600

❷ 确定入口处凹陷部分的纵深位置①

　　分别将正面门的4个顶点与VP2连接。

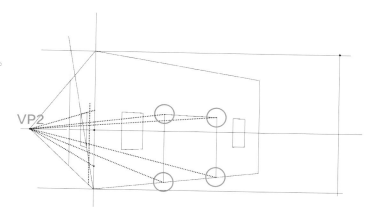

VP2

❸ 确定入口处凹陷部分的纵深位置②

　　记第1步得出的垂直线与上方线段的交点为E点，连接E点与VP1。标记此线段与正面门上方两顶点与VP2连线的交点。

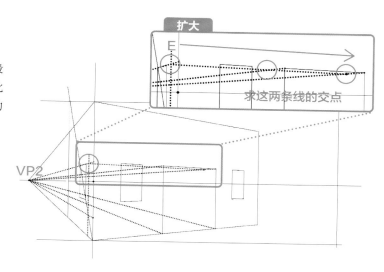

扩大

E

求这两条线的交点

VP2

❹确定入口处凹陷部分的
纵深位置③

记第1步得出的垂直线与侧面墙壁GL
线的交点为F，并与VP1连接。标记此线
段与正面门下方两顶点与VP2连线的交
点。将此步所取两交点与第3步所取两交
点连接，构成的图形为正面门凹陷部分
的面。

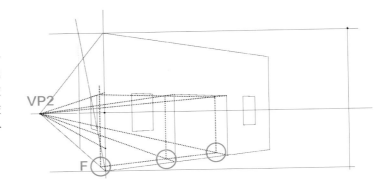

❺画正面入口处

画第4步所取面的对角线，并画一条
通过对角线交点的垂直线，正面门的中
心线就此确定。

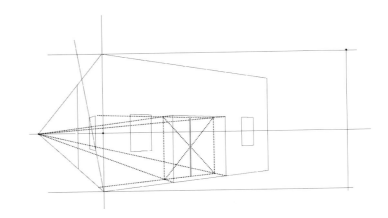

❻确定正面入口处

画清楚除被墙壁遮挡的线条后，立
体的正面门就此确定。至此就初步完成
了基本的建筑透视图。

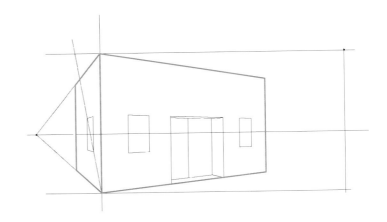

02 建筑透视图底稿的应用

基本概念

- **绘制高层建筑物时，需画出各层的引导线。**
- **存在凸出部分或凹陷部分时，绘制透视图时要十分注意其位置与尺寸。**
- **透视图构成元素越多，辅助线也会增多，绘制时注意各条线的位置关系。**

此步骤所用设计图

　　此处我们以一栋四层办公楼为例。在绘制办公楼或公寓时，由于一层有大门，所以与二层往上的高度有所不同，我们需要分别画一层与二层及上层的两种平面图。此处示例将右侧拐角处作为基准，所以侧面图也呈现的是右侧部分。

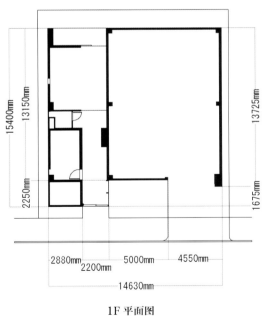

1F 平面图

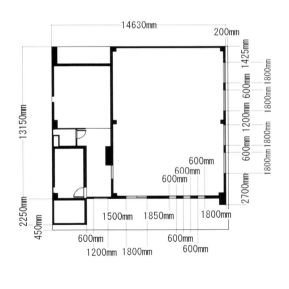

基准层平面图

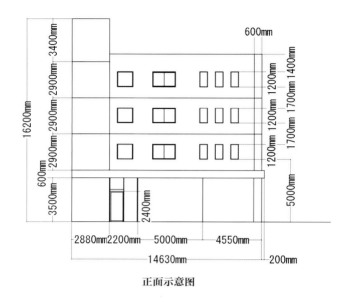

正面示意图

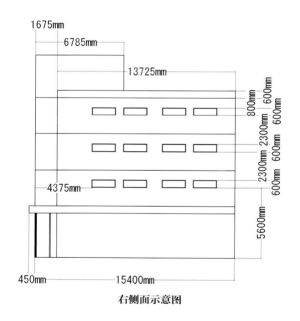

右侧面示意图

绘制步骤

　　与室内透视图相比，建筑透视图所画的建筑物规模更大，所以绘制时采用1:60的比例。建筑透视图也是两灭点透视图。此处将右侧拐角作为基准，所以左侧的VP将不会出现在图纸内。此处也需按照之前的绘制方法，将正面墙壁上方线的方向设定为VP方向进行绘图。

　　建筑透视图要素众多，对应辅助线会十分复杂，可采用辅助线浅化处理或采用不同颜色的线条来区分。也可以在最后完善透视图时将物体自身的线条用颜色较深的笔（签字笔）来处理。

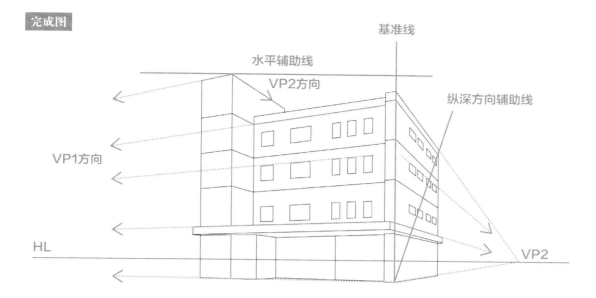

完成图

基准线

水平辅助线

VP2方向

纵深方向辅助线

VP1方向

HL

VP2

Step 1　画建筑物的轮廓

确定HL与垂直基准线，用画立方体的方法将建筑物的大概构形画出，并画出自身方向辅助线。

Step 2　画正面各楼层的引导线

画出各楼层的引导线，用于确定层高与窗户位置。

Step 3　画楼梯间与层高线

在正面墙壁画出凹陷部分作为楼梯间。按比例画出各层高度，利用引导线确定各层的高度线。最后确定顶层楼梯间。

Step 4　画窗户

利用垂直基准线与各辅助线画正面窗户与侧面窗户。此步骤线条将变得十分复杂，注意切勿混淆。

Step 5　画一层大门

确定一层大门与停车场入口的位置，注意大门墙壁的凸出位置应与楼梯间的凸出位置一致。

Step 6　画设计墙与屋檐

最后画屋檐与艺术墙。此步骤需清楚把握各部分在透视图上的对应位置，并仔细观察凸出部分。

Step 1 画建筑物的轮廓

❶画建筑物最高点位置的基准线

在图纸中心偏下的位置画一条水平线作为HL，并在右侧位置画一条垂直线作为垂直基准线。在垂直基准线上取HL下方1500的点，并画一条通过该点的水平线作为GL。再在垂直基准线上取HL上方16200的点，并画一条通过该点的水平线作为水平辅助线。

小贴士

此步骤所画建筑物最高位置为楼梯间的最高点，而并非墙壁最高点。

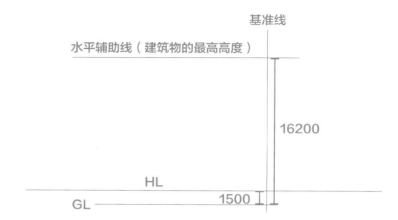

❷画正面观察面

记水平辅助线与垂直基准线的交点为A，在水平辅助线上取距垂直基准线14630的点D，并向下画一条垂直线至GL。正观察面就此确定。

小贴士

建筑物的宽度并不包含屋檐的凸出部分。

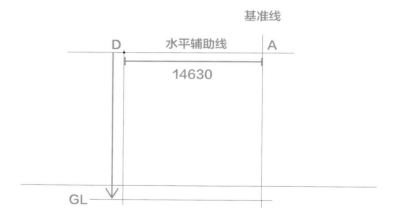

❸确定正面墙壁线的倾斜度

从A点任意画一条朝VP1方向的线作为正面墙壁上方的线。

小贴士

若想使透视图更有张力，可取较小角度画此倾斜线。

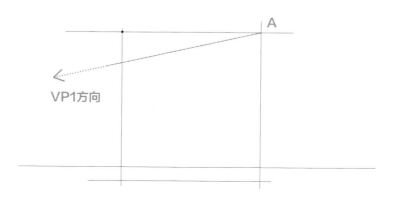

❹画正面墙壁的轮廓线

连接正观察面的D点与CP，取其
与第3步所画倾斜线交点，并向下画垂
直线。连接正观察面的C点与CP，取
其与上述垂直线的交点，并与B点连
接。如右图所示的图形便是正面墙壁
的轮廓线。

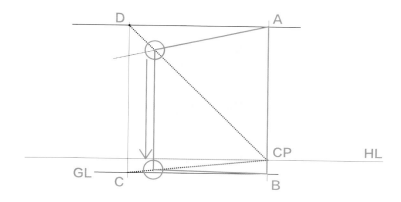

❺确定VP2

此步画侧面。在HL上于垂直基
准线右侧随意取一点作为VP2，取点
时注意与VP1的位置关系。分别连接
VP2与A、B两点。

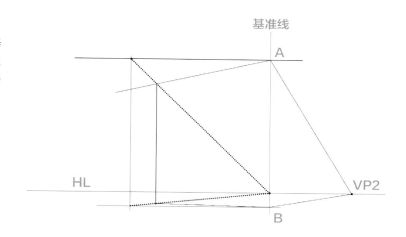

❻画纵深方向的辅助线

在垂直基准线上取距点B15400
的点（此距离为建筑物全体的纵深距
离），并与VP2连接。在侧面墙壁上
任意画一条垂直线作为墙壁远端，标
记此垂直线与15400点与VP2连线的交
点，并画一条通过B点与此交点的射
线。此射线就是纵深方向辅助线。

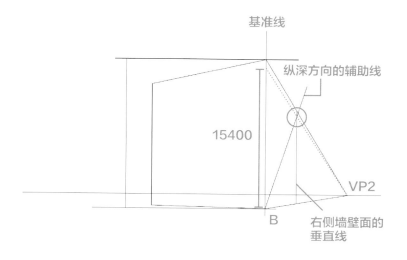

Step 2 画正面各楼层的引导线

❶画水平线

在垂直基准线上以B点为起点取间隔为2000mm的8个点，并分别向左画水平线。

小贴士

利用这些水平线画每层楼的接缝与窗户。间隔的距离可以任意选择，本书以2000mm为准。

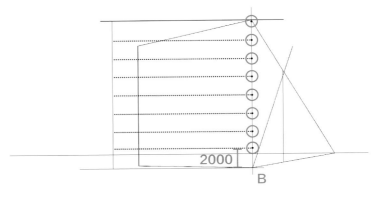

❷取各水平线与外壁的交点

取第1步所画的各条水平线与线段CD的交点，并分别与CP连接。标记各条线段与正面墙壁轮廓线的交点。

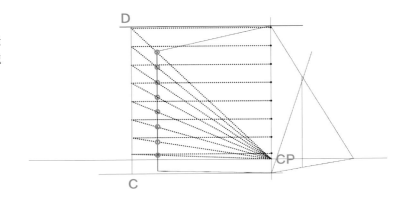

❸分别连接外壁与基准线
上的各点

连接第2步所取各点与垂直基准线上的间隔点，正面楼层的引导线就此确定。

小贴士

这些楼层引导线的方向都朝VP1。

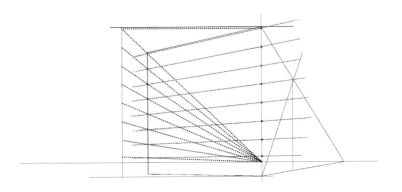

Step 3 画楼梯间与层高线

❶ 标记楼梯间的宽度

在水平辅助线上取距D点2880的点，并与CP连接。取此线段与正面墙壁上方轮廓线的交点，并向下画一条垂直线。楼梯间的正面宽度就此确定。

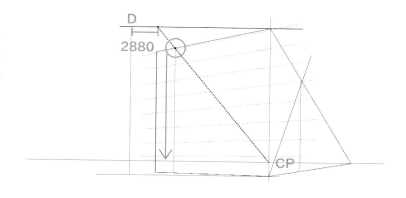

❷ 画正面墙壁的凹陷部分 ①

除去楼梯间，正面墙壁的其他部分都需要做凹陷处理。在垂直基准线上取距离B点2250的点（楼梯间凸出部分的距离），并与VP2连接。取此线段与纵深方向辅助线的交点。

小贴士

虽然建筑物全体的纵深距离为15400，但由于这个距离包括楼梯间，所以需要将除楼梯间的其他部分做凹陷处理。

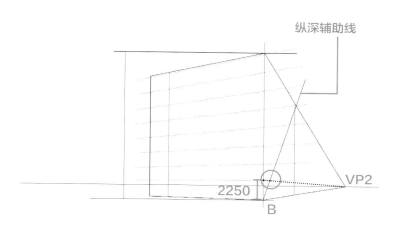

❸ 画正面墙壁的凹陷部分 ②

画一条通过第2步所取交点的垂直线，并从此垂直线与右侧墙壁上方线的交点向左画平行于正面引导线的线。此线便为凹陷处理后正面墙壁的线。

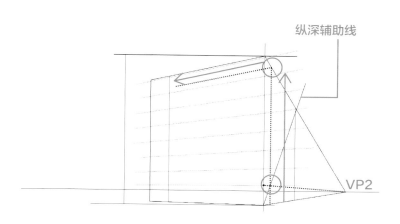

❹画楼梯间的侧面

取第1步所画楼梯间宽度线与凹陷处理前正面墙壁上下轮廓线的交点，并分别与VP2连接（记两线段为VP2-a、VP2-b）。从VP2-a与凹陷处理后正面墙壁上方线的交点向下画一条垂直线至VP2-b。楼梯间的侧面就此确定。

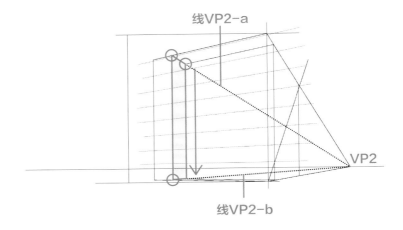

❺取各层楼高度的点

在垂直基准线上以B点为起点，取各层楼高度的点。

小贴士

除各层楼高度的点外，此处还需取房檐与顶层护墙高度的点。

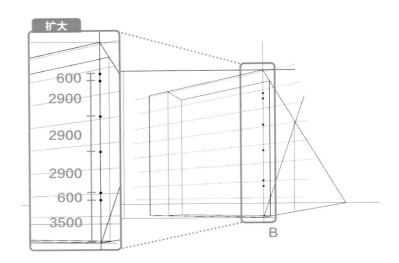

❻确定楼梯间的层高①

分别从垂直基准线取各点向左画水平线至线段CD。取各条水平线与线段CD的交点，并分别与CP连接。

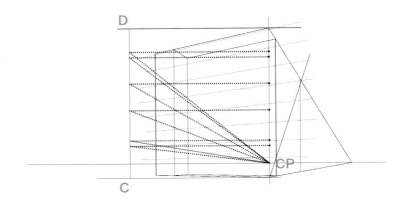

❼确定楼梯间的层高②

标记第6步所画各条线段与楼梯间左侧线的交点，并分别与垂直基准线上对应的各点连接。楼梯间的正面层高线就此确定。

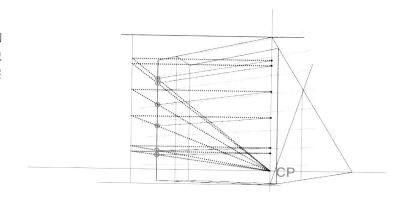

❽确定楼梯间的层高③

标记楼梯间正面层高线与楼梯间右侧线的各交点，并分别与VP2连接。楼梯间的侧面层高线就此确定。

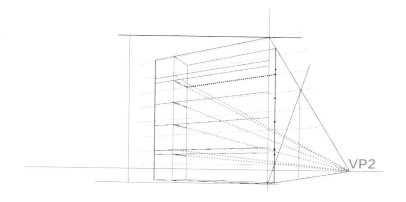

❾确定正面与侧面的层高①

分别连接垂直基准线上各层高点与VP2。标记各线段与正面墙壁右侧线的交点，并分别与楼梯间侧面的层高线连接。

正面墙壁右侧的线

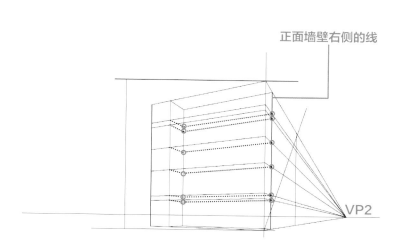

建筑透视图的绘制方法 |

⑩确定正面与侧面的层高②

正面墙壁与侧面墙壁的层高就此确定。

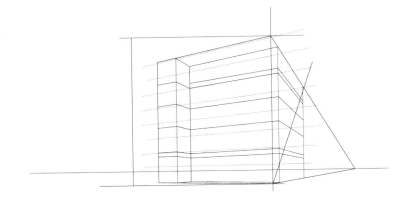

⑪画天台的楼梯间①

连接楼梯间最上方右侧顶点与VP2（记此线段为VP-1）。在垂直基准线上取距B点6785的点，与VP2连接，标记其与纵深辅助线的交点，然后画一条通过此点的垂直线至A点与VP2的连线，再向左画与楼层引导线平行的线。标记其与VP-1的交点。

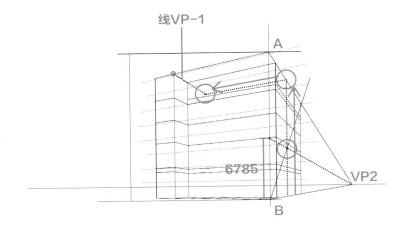

⑫画天台的楼梯间②

连接第11步所取点与楼梯间最上方右侧顶点，并从第11步所取点向下画一条垂直线至天台护墙的线。天台楼梯间就此确定。

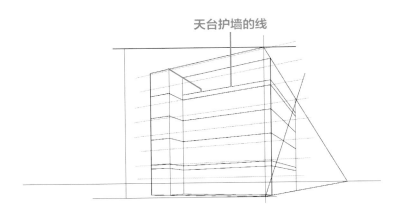

Step 4 画窗户

❶确定正面窗户的宽度①

在水平辅助线上以A点为起点，分别取正面窗户水平位置对应的点，分别与CP连接。

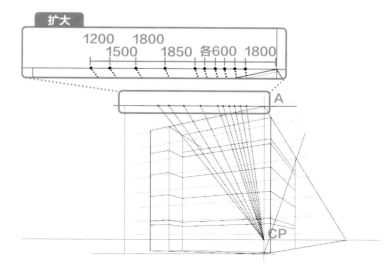

❷确定正面窗户的宽度②

取第1步所画各条线段与PG1的交点，并分别与VP2连接。标记各条线段与PG2的交点，并分别向下画垂直线。正面窗户的宽度就此确定。

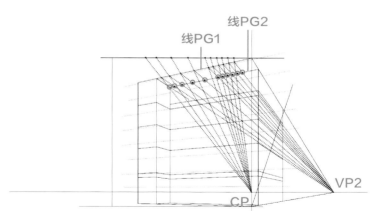

❸确定正面窗户的高度①

在垂直基准线上以B点为起点，分别取正面窗户高度对应的点，并分别与VP2连接。标记各条线段与正面墙壁右侧线的交点。

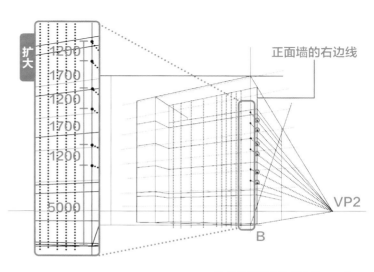

❹确定正面窗户的高度②

从第3步所取各点分别向左画与引导线平行的线。各线条与之前所画窗户的宽度线所构成的图形就是各个窗户。

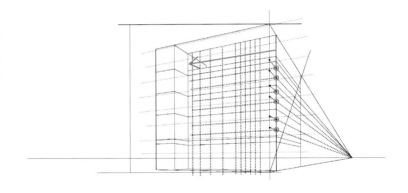

❺确定正面窗户

正面墙壁的窗户就此确定。

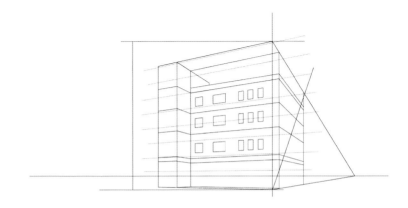

❻确定侧面墙壁窗户的纵深位置

在垂直基准线上以B点为起点，分别取侧面窗户的纵深位置对应的点，并分别与VP2连接。标记各条线段与纵深方向辅助线的交点，并分别向下画垂直线。

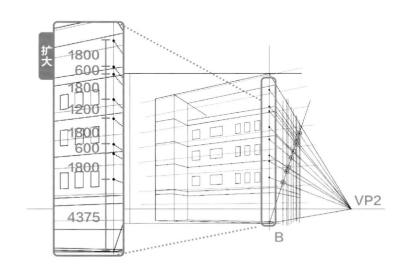

❼确定侧面窗户的高度

在垂直基准线上以B点为起点，分别取侧面窗户高度位置对应的点，分别与VP2连接。

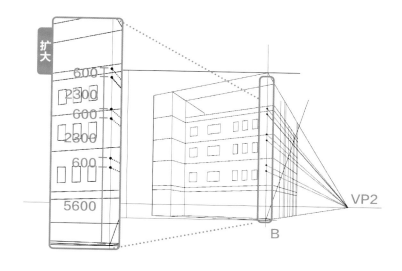

❽确定侧面窗户

上一步所画各条线段与第6步所画的各条垂直线所构成的图形就是各个侧面窗户，侧面窗户就此确定。

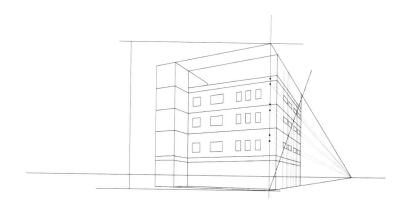

Step 5 画一层大门

❶确定大门位置

在水平辅助线上以点A为起点，分别取停车场出入口的宽度4550的点，停车场出入口与大门间墙壁宽度5000的点，并分别与CP连接。上述两条线段分别与PG1的交点和VP2连接，取所画线段与PG2的交点，并分别向下画垂直线至正面墙壁的最下端。一层大门与停车场出入口的位置就此确定。

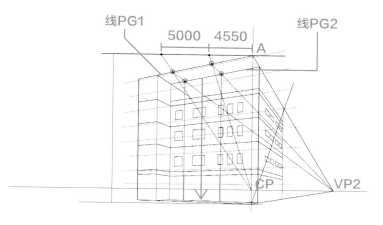

❷画大门墙壁的凸出部分①

由于大门的玻璃墙与楼梯间的凸出部分在同一位置，所以此处需对大门做凸出处理。将第1步确定的大门线条的两端分别与VP2连接。

小贴士

大门两端点与VP2的连线需超出大门端点一些距离。

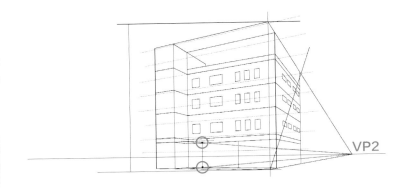

❸画大门墙壁的凸出部分②

将一层楼梯间的正面墙壁上下方线向右延长，标记其与第2步两条线段的交点。连接上述两交点的垂直线就是大门墙壁凸出部分的线段，此凸出部分与楼梯间的正面处于同一位置。

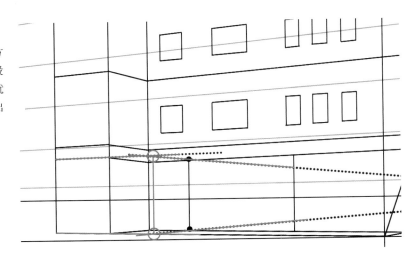

Step 6 画设计墙与房檐

❶确定设计墙的宽度与其超出建筑物最上端的部分①

在水平辅助线上以A点为起点，取墙壁厚度600对应的点，并与CP连接。将上述线段与线段S-1的交点和VP2连接。然后在垂直基准线上以B点为起点，取楼梯间正面到设计墙的纵深距离为1675的点，并与VP2连接。标记其与纵深辅助线的交点。

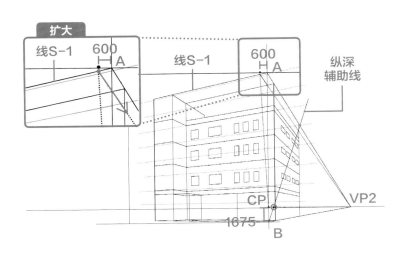

❷确定设计墙的宽度与其超出建筑物最上端的部分 ②

分别画经过第1步所取交点的垂直线，分别标记其与点A及VP2连线的交点，并分别向左画正面引导线的平行线。标记各平行线与第1步所取线S-1上交点与VP2连线的交点。

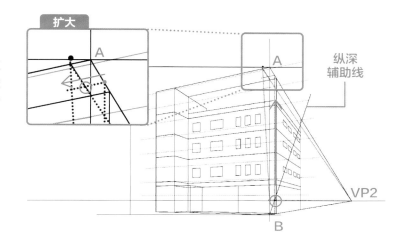

❸画设计墙线

从上一步所取交点向下画垂直线。设计墙的凸出部分的线就此确定。

小贴士

第2步所画垂直线即为设计墙的右侧线。

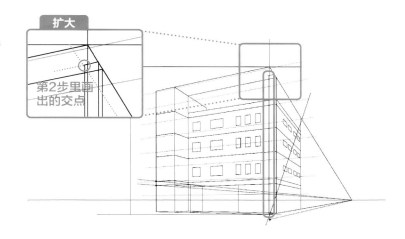

❹确定正面墙壁房檐的凸出部分 ①

在垂直基准线上以B点为起点，取正面侧方房檐的凸出部分450的点，并将纵深方向辅助线向下延长。然后分别连接楼梯间的房檐部分左侧两点与VP2。这两条线段也需超出楼梯间左侧两点。

小贴士

绘制距离观察画最近的面（比楼梯间正面距离更近时），需在垂直基准线GL下方确定对应点。

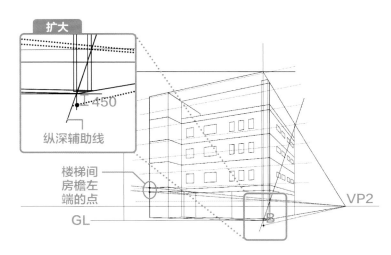

❺确定正面墙壁房檐的
凸出部分②

　　将第4步所取垂直基准线上450的点与VP2连接，标记其与纵深方向辅助线的交点，并向上画垂直线。向左上方延长VP2与A点的连线，标记其与此前所画垂直线的交点，并向左画正面引导线的平行线。

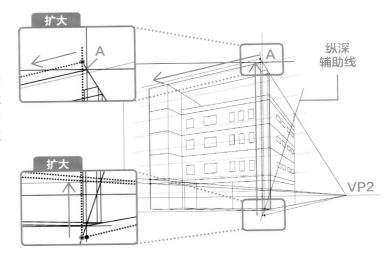

❻确定正面墙壁房檐的
凸出部分③

　　连接VP2与楼梯间左上角的点，标记其与第5步所画平行线的交点，并向下画垂直线，第4步所画的楼梯间房檐部分左侧两点和VP2的连线与此垂直线构成的图形就是正面侧方房檐的凸出部分。

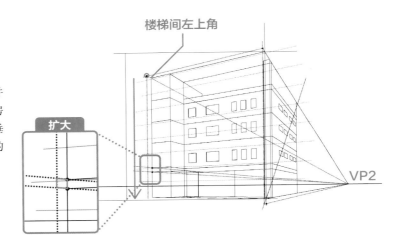

❼确定侧面墙壁房檐的
凸出尺寸①

　　在水平辅助线上A点右侧取侧方房檐凸出距离200的点，并与CP连接。将楼梯间最上方的线向右延长，标记其与此前线段的交点，并与VP2连接。

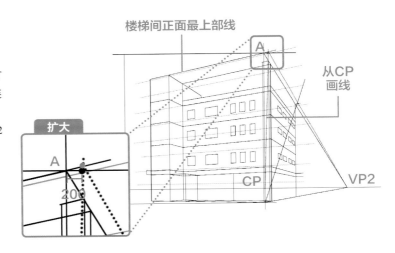

❽确定侧面墙壁房檐的
　凸出尺寸②

将A点和VP2的连线与右侧墙壁远端线的交点记为E，并向画正面引导线的平行线至第7步所画线段。此条线即为侧面侧方房檐的凸出部分。

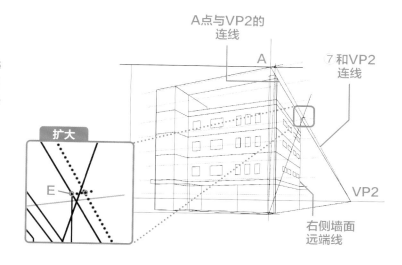

❾确定侧面墙壁房檐的
　凸出部分

从右侧面房檐线与右侧面远端线的两个交点分别向右画正面引导线的平行线。并从第8步所取尺寸点向下画垂直线，标记其与此前所画平行线的两个交点。这两个交点即为侧面墙壁房檐凸出部分的点。

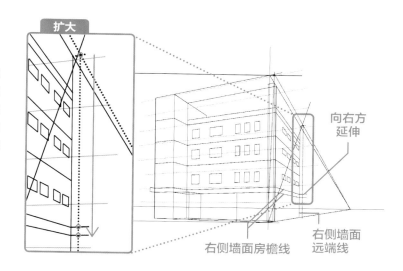

❿画房檐①

连接VP2与第9步所取两个点。然后从正面房檐的两个凸出点向右画在正面引导线的平行线。

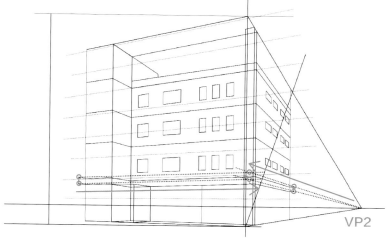

⓫画房檐②

连接第10步所取各个交点，房檐
就此确定。

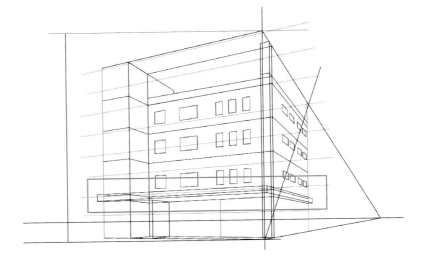

⓬擦除多余线条

擦除不必要的辅助线及楼梯间和
外墙壁上的所有线段。建筑透视图就
此完成。

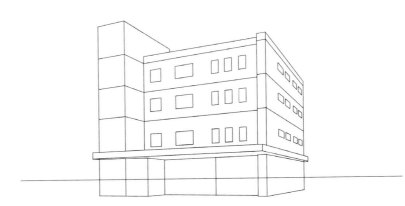

03 建筑透视图的铅笔修图方法

- 建筑透视图的点景需要以**HL**为基准进行绘制。
- 物体的阴影会随太阳的位置变化而变化。
- 为了使建筑物更有立体感，此处需做背景处理。

建筑透视图常用的点景绘制方法

建筑透视图中经常出现的点景有车、树木、人物等。所有点景均需要以HL为基准进行绘制。

车

地面到HL的距离始终都是固定的。如果取HL高度为1500mm，那么普通轿车的高度大概为1200mm，所以轿车的所有部分均在HL下方。将地面至HL的距离大致分为5等分，车顶可取在4/5的高度。假定车身长度为4500mm，画出3个边长为1500mm的正方形。这样大致可以确定轿车的位置。

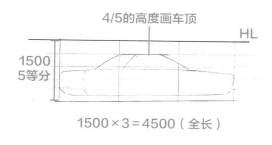

4/5的高度画车顶 HL

1500 5等分

1500×3 = 4500（全长）

❶确定车大小

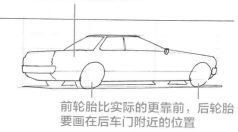

车身与车窗的高度比为1.5:1

前轮胎比实际的更靠前，后轮胎要画在后车门附近的位置

❷画车身线条

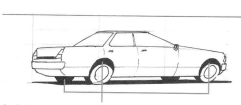

在汽车正下方与车轮上方真空处画阴影

❸画阴影部分

用点涂法画车窗、车身上的阴暗部分

❹画阴暗部分

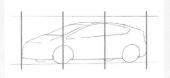

树木

　　树木的绘制请参照需要呈现的树种的实物图片。以HL为基准确定其高度，大致确定其形状，然后绘制树干、树枝及树叶，最后整体调整，完成绘制。

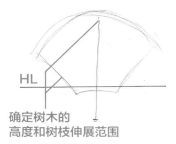

HL

确定树木的
高度和树枝伸展范围

❶确定树木大小

树枝顶端线条变细

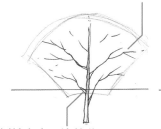

树枝左右两边的分叉不同

❷画树干和树枝

在树枝伸展范围内以点涂法画树叶

❸画树叶

阴影部分用相同色调

❹画阴影部分

人物

　　学校里会出现学生，店铺里会出现顾客，建筑透视图中的人物需符合该画面的环境。如果HL不是位于过高或过低的位置，将人物的头部设定在HL上，透视图便不会出现比例失调的情况。

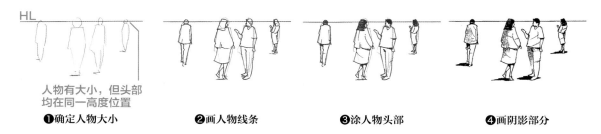

HL

人物有大小，但头部
均在同一高度位置

❶确定人物大小　　　　　❷画人物线条　　　　　❸涂人物头部　　　　　❹画阴影部分

绘制步骤

　　建筑透视图的铅笔修图与室内透视图一样，将绘制完成的底稿打印出来，将练习纸或美浓纸等半透明的纸张覆盖在底稿上进行誊写。

　　虽然绘制步骤也与室内透视图一样，但在绘制车辆、树木等比较大的点景时，要注意确定形状或细节部分的绘制。

　　另外，物体阴影的位置也会随太阳的位置变化而变化，因此绘图时需再一次确认太阳光的照射方向。两灭点透视图中，距离观察面近的阴影部分（物体自身的阴影）需加深处理。两灭点透视图中的靠近观察面的部分指的是垂直基准线所在的拐角部分。此处示例中指的是右侧设计墙的正面部分。

完成图

Step 1 画点景

　　确定底稿上各个点景的位置，并誊写各点景的线条。

↓

Step 2 誊写建筑物轮廓

　　誊写建筑物的线条。并加上窗户、窗纱等细节部分。

↓

Step 3 画阴影

　　画阴影部分。注意太阳光的照射方向，同时注意区分光照强弱与浓淡处理，呈现透视图的立体感。

↓

Step 4 画天空（背景处理）

　　最后画天空。利用铅笔绘制的透视图需要做背景处理，这是为了进一步体现建筑物的立体感。

Step 1 画点景

❶确定各个点景的位置

在誊写前先确定各个点景的位置，在底稿上画出各个点景的草图。

小贴士

绘制人物时务必把人物头部设定在HL线上，并注意不能将人物与人物间距离全部设定为相同距离。行进中车辆的轮胎位置需画在道路内部。由于GL到HL的距离为1500mm，请在其中间绘制车辆。

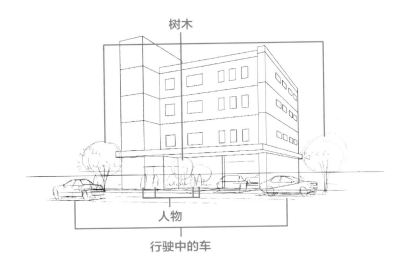

树木

人物

行驶中的车

❷誊写各个点景

将誊写用练习纸覆盖于底稿之上，誊写各个点景。此处与室内透视图的誊写步骤相同，从距离观察面近的点景开始绘制。

小贴士

此步骤只需画各点景的大致形状，颜色强弱与阴影部分最后完成。

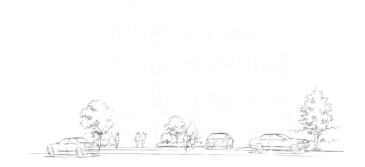

Step 2 誊写建筑物轮廓

❶画出建筑物的轮廓

誊写建筑物的所有线条。注意各个线条的强弱处理，建筑物的立体感会随之体现。

小贴士

距离观察面近的物体需加深处理，距离观察面越远，线条越细。这是此步骤的绘制技巧，但是不能出现线条间差异过大的情况。其中楼层间接缝的线条需加深处理。

❷画窗户及窗纱

誊写窗户及窗纱，其中窗框部分
需尽量接近实际位置。

小贴士

两条线过于靠近的部分可以画成一
条粗线。

Step 3 画阴影

❶画阴暗部分

画建筑物的阴暗部分。需保证同
一面上的阴影线条为同一方向，这样
透视图会比较美观。也需在道路上与
画建筑物的倒影一样，画出其阴影。
距离观察面近的位置需画出1−2处物
体的阴暗部分，而远端的物体选择一
处即可。另外，画一条延伸至VP1的
线，可以体现车辆的运动感。

小贴士

靠近观察面的道路部分需加深处
理，远端的道路颜色稍微变浅。

❷画玻璃面的阴暗部分

建筑透视图中，建筑物的窗户部
分需要用很深的颜色表现。在玻璃面
上画与窗纱纵深方向厚度相当的粗线。
而有特殊作用的家具或人影则需画出
其剪影。

❸ 画阴影部分

接下来画物体的阴影部分。房檐下方、车辆下方、设计墙与正面墙壁的分界线等处都需画出其阴影。此处示例中的设定为太阳光从上方45°射下。所以侧面的阴影会比正面阴影颜色更深。

设计墙与正面墙壁的分界线 —— | 太阳光

❹ 画各点景的阴影部分

注意光照方向，画出人物或树木在地面上形成的阴影。具体到细节部分，如树叶阴影、车胎阴影、车窗、人物的衣服等，通过浓淡及明暗处理体现各点景的立体感。

太阳光

Step 4 画天空（背景处理）

透视图的背景稍做处理后成为天空。线条角度都倾斜，线条方向并无明确规定。习惯用右手画画的人可以从右上方开始画，反之习惯用左手画画的人可以从左上方开始画。为体现建筑物的立体感，建筑物的边缘需加深处理，上方需留白的同时稍微加深一点颜色。最后调整整体的构图及颜色，完成绘制。

CHAPTER

4

着色的基础知识

颜色的三个基本性质

基本概念

- 颜色具有色相、纯度（饱和度）及明度三个基本性质。
- 水彩颜料通过加入颜料中水的量来调节颜色的饱和度与明度。

颜色具有色相、饱和度及明度三个基本性质，通过调节相应性质，表现出各种不同的颜色。本书中也会出现饱和度及明度等专业词汇，在此做一个简单的解释说明。请掌握以下概念后再进行调色。

色相

色相指的是红、蓝、黄色等，一般我们称为"颜色"。"颜色环"指的是将24种不同的颜色依顺序围成一个圆环排列的图形。颜色环上相互对称的两个颜色具有凸显彼此的效果，所以我们把互相对称的两种颜色称为互补色。任意两种互为补色的颜色混合后都会得到接近灰色的颜色，这是互补色的一个基本特性。

饱和度

饱和度指的是颜色的鲜艳程度。即使是同一种颜色，饱和度越低，就会越接近灰色，越显得暗淡。反之饱和度越高，颜色就会越鲜艳。水彩透视图的颜料配制过程中，水加得越多，饱和度会越低。

明度

明度就是颜色的明暗程度。越接近白色越明亮，反之越接近黑色越暗沉。水彩透视图的颜料在配制过程中，加入的水量越多，明亮度越高；反之，水量越少，明亮度越低。

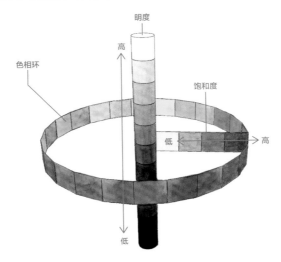

02 水彩透视图的常用工具

基本概念

- 画图颜料为透明水彩图所用颜料。
- 在梅花盘上进行调色，而不是普通调色板。
- 画直线图形时需要使用带线状空洞的直尺。

透明水彩图所用颜料

本书中使用的颜料为Holbein Artists' watercolors牌水彩，有基本的12种常用色。另外需购买钴蓝、浅红、靛蓝、浅绿、黑褐色、黄灰、亮粉、吡罗红、纯黄等颜色的画笔，拥有以上颜色画笔便可以基本满足透视图的上色需求。

调色板

将水彩颜料挤到调色板，待其干燥后方可使用。在调色板上并不能将颜料混合。

梅花盘

将调色板上已干燥的颜料转移至梅花盘中进行配色。

画笔

①扁头笔：笔头为扁平状。适用于画天空或道路等宽阔平面。

②彩色笔：笔头较柔软，吸水性较好。用于画墙壁或地板。

③面相笔：笔头细长，用于画接缝或点景的细节部分。

带线状空洞的直尺及玻璃棒

用于画直线。直尺有30cm、45cm、60cm等长度，需要依据图纸大小选择合适的直尺。A4大小的透视图比较适合30cm的直尺。玻璃棒是画直线时的辅助工具。

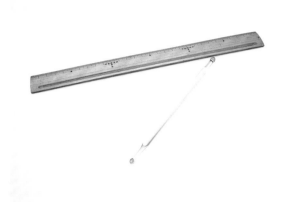

专栏

直尺与玻璃棒的使用方法

以握筷子的方式拿好画笔与玻璃棒，将玻璃棒先放入直尺的线状空洞中，边滑动玻璃棒边移动画笔。注意切勿用力过猛，并向一个固定的方向滑动。

纸与卡片

上色类型分为图纸上透视图的着色与直接涂卡片等。本书使用的是贴有复印纸的塔克板。透明水彩适用坎森画板（白色）或阿尔什纸，喷枪则适用新款画板。虽然底稿不是直接着色，但还是需要使用练习纸。另外，坎森画板（灰色）也可用于不透明水彩画中。

CHAPTER 4

03 底稿的准备

基本概念

- 在底稿的复印稿或坎森画板上直接着色。
- 若注重简单绘制步骤则使用复印稿，若是绘制作品则推荐使用坎森画板。
- 无论哪种情况，都要注意保持底稿的水平与垂直位置。

　　此步骤需准备底稿，底稿是上色的基本条件。底稿分为底稿复印纸或誊写至坎森画板的底稿两种情况。使用复印纸的优点是操作简便，改正方便。而使用坎森画板时一旦出现错误就需要重新誊写底稿。但是在坎森画板上绘图可以精确地体现线条的强弱或明暗。

使用复印纸

　　将练习纸上的底稿原稿复印出来、并贴在塔克画板上进行绘图，注意要将复印纸贴在塔克画板的中央部分。

小贴士

若将颜料直接涂于画纸上，由于颜料中含有水分，画纸会由于膨胀或缩水出现皱纹。为防止出现此情况，需不断喷水，保持画纸的湿润状态，然后再贴到塔克画板上进行干燥。我们称此方法为"湿润贴法"。

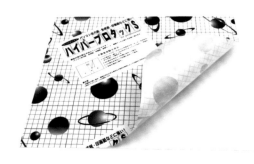

塔克画板（图中为阿尔泰海伯布罗塔克画板S）

在复印纸上涂一层水

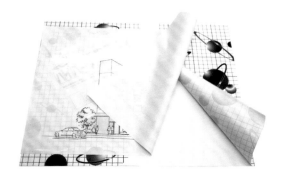

将复印纸贴在塔克画板上

直接在坎森画板上着色

在底稿复印纸的背面撒一层铅笔的笔芯粉末，并用卫生纸擦拭一遍。然后用铅笔将底稿复印纸的背面涂黑，作为背面碳的代替品。再将底稿复印纸翻转至正面，平铺到坎森画板上，用绘图标尺确定其位置，保持复印纸的水平及垂直位置。用较深颜色的画笔开始临摹底稿的线条，有的部分需要移开绘图标尺。用红色圆珠笔进行临摹可以防止线条的遗漏。

坎森画板（图中为缪斯坎森画板）

在复印纸背面涂一层铅笔粉末

将复印纸移至坎森画板上

CHAPTER 4
04
水彩透视图的常用颜色

基本概念

- 白色直接用白纸表现。
- 基本颜色有18种，通过配色可以配出基本颜色中没有的颜色。

本书所使用的颜料为Holbein Artists' watercolors牌水彩。透视图常用的颜色为以下18种。通过混合配制，可以得到一般透视图常用的任何颜色。透明水彩画中用白色的画纸来表示白色。

象牙黑
（IB）

黑褐色
（SP）

茶黑色
（BU）

浅红色
（LR）

土黄色
（YO）

深黄色
（PYD）

浅黄色
（PYL）

浅绿色
（PG）

墨绿色
（SG）

青绿色
（VI）

黄灰色
（YG）

浅蓝色
（CPB）

钴蓝色
（CB）

靛蓝色
（IN）

深红色
（CL）

朱红色
（VE）

吡罗红色
（PR）

亮粉色
（BP）

透视图的着色方法

基本概念

- 通过层层着色加深透视图的色彩。
- 阴影部分也需通过渐进法层层着色加以表现。
- 通过留白表现点景的白色部分，确保透视图整体的明度。

着色方法的基础知识

由于水彩画的颜料一旦涂得过深，便很难再使其变浅，所以一开始需要用比较浅的颜色进行着色。想加深颜色时，需要等上一步所涂颜料完全晾干后再在其表面继续着色。可以采取在画笔上多蘸一些颜料进行着色的方法来避免画痕过于明显的问题。重复着色过多会导致颜色失去光泽，所以想画出较简洁的透视图，最多进行两次重复着色。为避免颜料溢出纸面，着色时需在画纸边缘线内停笔。

涂一次　　　　　　涂两次　　　　　　涂三次

另外，通过调节加入颜料的水量可以改变颜色。以下三张都是帕米利昂颜料的一层涂色，只是颜料中加入的水量不同，三张画纸的颜色也稍有不同。加入的水量越多，画纸的明度就越高，饱和度越低。反之，加入的水量越少，画纸的明度越低，饱和度就越高。

 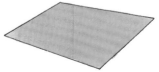 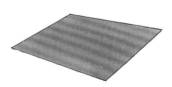

较多　←　加入水分的量　→　较少

阴影部分的着色方法

通过水彩画颜料的重复涂层来表现阴影部分。此处我们以图中侧面有凹陷的立方体为例，通过黑白颜色来表现阴影部分。

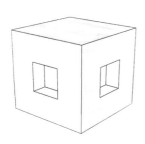

①用象牙黑色为立方体打底。

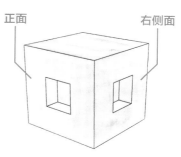

②正面和右侧面用同一颜色进行重复着色。

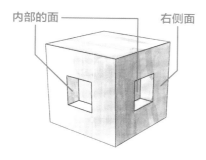

③涂右侧面与凹陷部分内部的面，并加入不同明暗颜色。

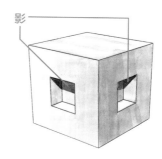

④涂凹陷部分内的阴影部分。

小贴士

利用彩色颜料进行着色时方法也基本相同。需要注意的是，利用同一颜色着色会导致颜色的饱和度过高。因此在进行阴暗部分或阴影部分的着色时，尽量使用明度或饱和度较低的同色系颜色。

·冷色系示例：

打底色：浅蓝

明暗对比与阴影部分：靛蓝色

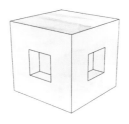 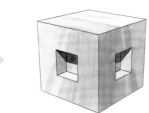

·暖色系示例：

打底色：土黄色

明暗对比：茶黑色

阴影：黑褐色

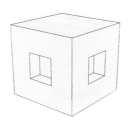 

点景的着色方法

点景的着色方法与第89页所述方法相同。其特征是点景的白色部分做留白处理。这里的留白是表现光线及透视图整体明度的关键。另外，纯黑色会显得过于厚重，因此不能用于点景的着色。此处简单说明一下汽车、人物及树木的着色方法。

车

车窗使用蔚蓝色和土黄色混合后的灰绿色着色，车内部使用相同颜色的重复涂层来表现。使用稍微鲜艳一点的颜色对车身着色，透视图会更有华丽感。轮胎的阴影部分需要涂较深的颜色。

人物

若将人物画得太真实，会影响透视图整体的美观，所以无需对人物的眼睛、鼻子及衣服的细节进行着色。另外，若为了提高明亮度而将衣服的所有部分都着色，透视图整体的明度反而会降低，因此必须做留白处理。

树木

树木有常青树、落叶树等树种。季节不同，树木的树枝会有不同的状态，所以我们应选择适应图纸环境的色调进行着色。通常用浅绿色与浅黄色的混合色表现明度较高的树木，用翠绿色与茶黑色的混合色表现明度较低的树木。

CHAPTER 4

06 质感表现

基本概念

- 通过重复涂层来表现物体质感。
- 通过渐进法表现物体的光泽。
- 利用面相笔画接缝，用带线状空洞的直尺画线条。

　　建筑透视图中，利用着色来体现建筑物及外部的材料，道路及植物等质感。通过实际观察各材料的质感，尝试多种着色方法，尽量画出接近实物的透视图。物体的质感也可通过第89页所述重复涂层的方法来表现。此处我们简单介绍建筑透视图中常用的木材或水泥的着色方法。颜色的明度会随着加入颜料中水的量而变化。

木材

　　利用黑褐色与茶黑色的混合色打底，并用相同颜色的重复涂层表现阴影部分。最后利用紫色画出树木。

黑褐色　　　　　　　茶黑色

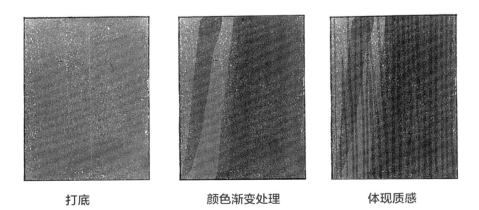

打底　　　　　　颜色渐变处理　　　　　体现质感

水泥

用象牙黑和黄灰色的混合色打底，并用相同颜色进行重复涂层。最后用面相笔蘸上水分蒸发后的相同颜料，画出接缝和分孔。

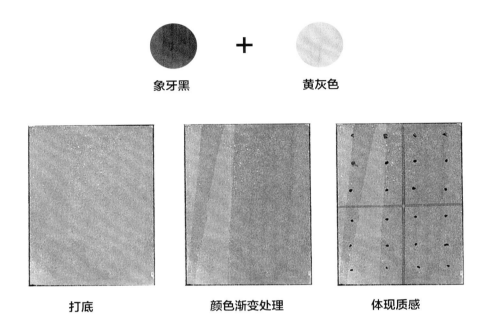

象牙黑 ＋ 黄灰色

打底　　　　　　　　颜色渐变处理　　　　　　　　体现质感

金属

金属有金、银、铜、铁等不同的材质，材料不同，着色方法也不尽相同。想体现出光泽感，则需突出表现明暗部分的对比。将靛蓝色、深红色和黑褐色混合，调出略带紫色的灰色并进行着色，同时留出白色部分。增加重复涂层的次数，并增强明暗对比的效果。

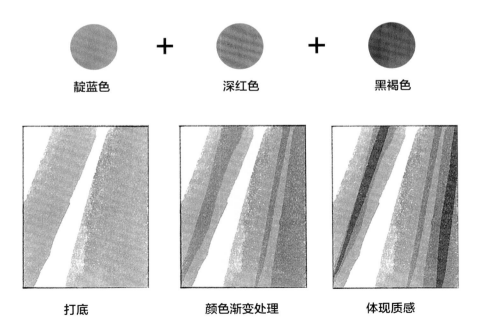

靛蓝色 ＋ 深红色 ＋ 黑褐色

打底　　　　　　　　颜色渐变处理　　　　　　　　体现质感

瓷砖墙面

　　瓷砖也有不同的种类，各种砖块的光泽度和表面的花纹各不相同。通过调整重复涂层的次数来体现砖块的质感。此处示例用浅红色和土黄色的混合色打底，并用相同颜色进行重复涂层。利用面相笔和带线状空洞的直尺画黑褐色的线表示砖块的接缝处。砖块的贴法有薯式贴法、马蹄式贴法、法式贴法和英式贴法等，可以作为专业知识记录下来。此处示例运用的是马蹄式贴法。最后用茶黑色体现砖块的烧制颜色。

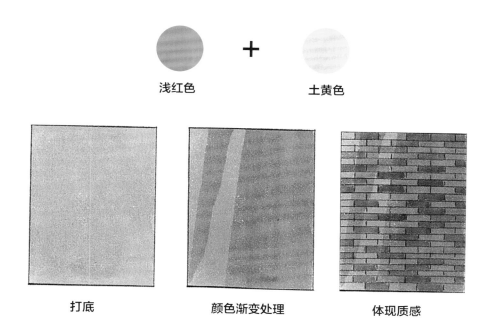

浅红色　　　＋　　　土黄色

打底　　　　　颜色渐变处理　　　　体现质感

道路

　　柏油路面也有使用土坯色着色的情况，此处示例我们用一般的着色方法。利用靛蓝色和黑褐色混合后的偏蓝灰色打底，使用相同颜色进行重复涂层。着色方向以VP方向为基准，部分道路则从垂直方向绘制。

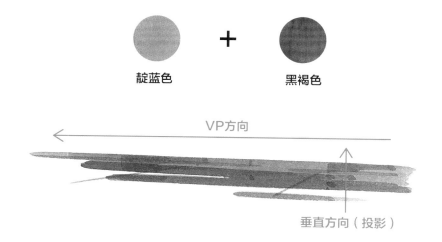

靛蓝色　　　＋　　　黑褐色

VP方向

垂直方向（投影）

草坪

草坪利用墨绿色和绿色1号的混合色打底，并用青绿色进行重复涂层和最后处理。

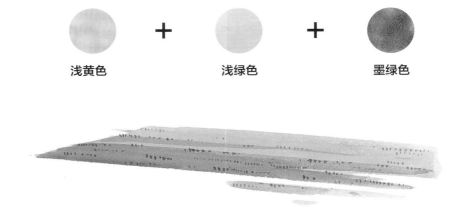

浅黄色　　　**+**　　　**浅绿色**　　　**+**　　　**墨绿色**

石板路

自然的石板路需要把石头画得比较细长。利用黑褐色、靛蓝色和土黄色的混合色打底，并用重复涂层体现石板颜色的变化。

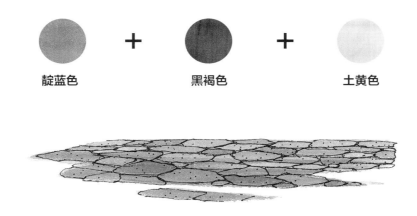

靛蓝色　　　**+**　　　**黑褐色**　　　**+**　　　**土黄色**

天空

天空的着色方法大致分为两种。

·点涂法

将画纸涂水，趁水未干时使用大号平头笔给画纸点上一层浅蓝色。此方法利用
相同笔触从建筑物靠近观察面的墙角向两侧着色，并需要留出大片空白。

·流线涂法

此方法也需将画纸涂水，趁水未干时使用大号平头笔给画纸全部涂抹上一层浅
蓝色。注意上方天空需涂较深色，越接近HL颜色越浅。

浅蓝色

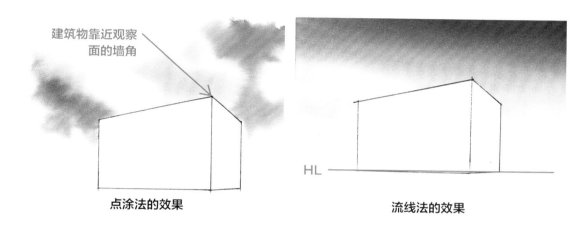

点涂法的效果

流线法的效果

小贴士

背景表现

虽然建筑物的背景不算建筑材料，但是也经常需要通过画出点景来体现其质感。背景会根据建筑物的种类或环境
发生变化。当主体建筑物的背景里有其他建筑时，需要着重绘制主体建筑物。当主体建筑物的背景里没有其他建
筑时，则需将树木模糊处理作为背景。

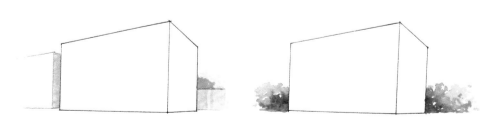

将附近建筑设定为背景时

将树木设定为背景时

底稿常用绘图工具

下底稿中常用的绘图工具有：图纸（练习纸或复印纸）、绘图板（或者绘图台）、绘图带、B或2B铅笔、尺子（T形尺、三角尺）、三角刻度尺等。利用绘图带将图纸固定于绘图板，利用三角刻度尺计算透视图中各物体的对应尺寸。

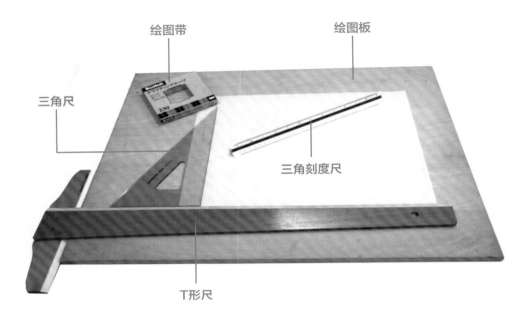

绘图带　　　　　　　　　　　绘图板

三角尺

三角刻度尺

T形尺

CHAPTER

5

室内透视图的着色方法

室内透视图着色的基础知识

基本概念

- 从面积较大的部分开始着色便于对透视图整体进行把控。
- 在画纸周围留2-3cm的空白可以使透视图更美观。
- 阴影部分利用黑褐色和靛蓝色的混合色进行着色，且阴影部分都需画在家具等物体的正下方。

天花板、墙壁、地板着色中常用的混色

水彩画的颜料通常都会和水分混合后使用，比起用单种颜色着色，使用混色着色的情况较为常见。本书也是利用混色，并通过水量的调节调整饱和度和明度进行着色。此处我们介绍在天花板、墙壁和地板的着色步骤中常用的混色。

黑褐色和靛蓝色的混色涂天花板或墙壁

黑褐色和靛蓝色的混色是室内透视图或建筑透视图中经常使用的组合颜色。假设我们使用的是以白色为主的材料。混色虽是灰色，加大黑褐色的量则变为暖色系，加大靛蓝色的量则变为冷色系。此处示例是加入大量水分后得到的灰色，减少水分则混色会逐渐接近黑色。

黑褐色 + **靛蓝色**

二者比例：1:1　　**二者比例：2:1**　　**二者比例：1:2**

土黄色与茶黑色的混色涂地板

此处主要适用于木质地板。此颜色组合也可以根据颜料的比例和水量的大小调出适合于各种木材的颜色。

土黄色 + **茶黑色**

土黄色2：差黑色1　　**土黄色1：茶黑色2**

着色步骤

绘制彩色室内透视图时，并非将全部图纸都进行着色处理，在图纸周围留2-3cm的空白会使透视图整体更加美观。从有大面积或者固定颜色的物体开始着色，小物体或阴影部分根据整体颜色的分布情况选择合适的颜色进行着色。

完成图

Step 1 涂天花板、墙壁、地板

从大面积的天花板、墙壁和地板进行着色。此方法可以更容易地想象透视图整体的完成效果。

↓

Step 2 涂家具

依据家具是木材或金属来选择合适的颜色，表现其质感。家具上附带的点景也顺带进行着色处理。

↓

Step 3 涂窗户

窗户的着色处理包括只涂窗户玻璃和在玻璃上涂外部景色的情况。假定通过窗户可以看到户外景色时，画上盆栽等植物可以使透视图变得更明亮。

↓

Step 4 涂阴影

涂桌椅等物体的阴影部分。通过加深处理小物体的细微阴影，可以增加其存在感。

↓

Step 5 涂其他点景

最后涂观赏植物或照明工具等其他点景物。纵观全图，如果觉得颜色不够饱满，则用比较鲜艳的颜色；反之若颜色已经足够饱满，则用较普通的颜色进行着色。

Step 1 涂天花板、墙壁、地板

❶涂天花板

将黑褐色和靛蓝色混合，调出偏茶色的灰色。此时需加入大量水分。涂完天花板面后，利用带线状空洞的尺子在靠近观察面的部分进行重复涂层，并加入渐变颜色。

> **小贴士**
>
> 如果特意将最靠近观察面的线远离图纸边缘，天花板将会呈现出一直延伸的效果。

靠近观察面的部分颜色加深　　加入互相分离的线条

❷涂墙壁

假定墙壁的颜色为白色，但利用的是黑褐色、靛蓝色和土黄色的混合色进行着色。和天花板一样，在靠近观察面的部分使用带线状空洞的尺子。为了呈现最远端墙壁的明度，此处不涂任何颜色，只做渐变处理。

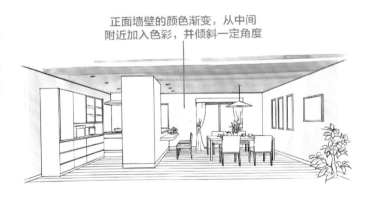

正面墙壁的颜色渐变，从中间附近加入色彩，并倾斜一定角度

❸涂地板

由于地板是木材，利用土黄色和茶黑色的混色进行着色处理，并在靠近观察面的部分进行重复涂层。沿家具角的垂直方向加入阴影时，会呈现出地板的光泽感。

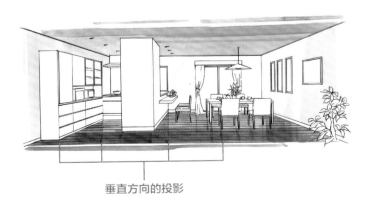

垂直方向的投影

Step 2 涂家具

❶涂木制家具

桌子、吧台、窗帘盒和橱柜都是木制家具，在茶黑色中加入大量土黄色颜料，利用所得颜色进行着色，并做渐变处理。

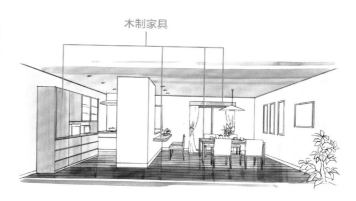

木制家具

❷涂家具上附带的点景

涂家具上附带的点景（餐具、水果、小家电等）。由于着色面积很小，需注意阴影部分，通过留白突出明暗对照。

小贴士

在餐具或花瓶上留出白色部分，但切勿显得不自然。

扩大

Step 3 涂窗户

❶涂窗户

此处示例假定我们可以看到户外景色，通过在各窗户上加上天空和盆栽来表现庭院。

小贴士

不画庭院的情况，只需对玻璃进行着色处理（参照第116页内容）。

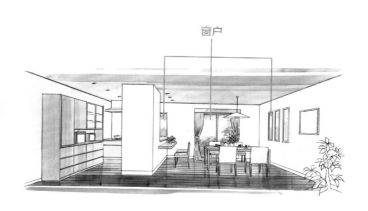

窗户

Step 4 涂阴影

❶标记阴影部分

由于是室内透视图，桌椅等家具的阴影部分都需画在其正下方。（如第15页所示）阴影部分的颜色用黑褐色和靛蓝色的混合色。

> **小贴士**
>
> 地板的阴影部分黑褐色较多，墙壁的阴影部分靛蓝色较多。

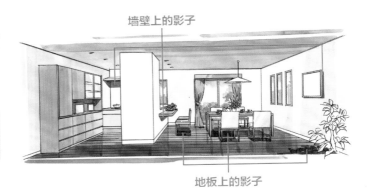

墙壁上的影子

地板上的影子

Step 5 涂其他点景

❶涂观叶植物和墙壁挂画

观叶植物的叶子可以利用浅绿色和浅黄色的混色进行着色，并注意其阴影部分。枝干部分利用黑褐色进行着色。墙壁挂画需结合房间整体的色调选择适合的颜色进行着色。

绘画

观叶植物

❷涂护墙板和照明

涂护墙板和灯具。最后纵观全图，再进行阴影部分的加深处理并修正细微部分，完成透视图的着色。

> **小贴士**
>
> 将透视图外的颜色与图纸的白色混合，进行重复涂层并修正。

CHAPTER 5

02 室内透视图中客厅的着色方法

基本概念

- 使用颜色渐进法表现宽阔空间的远近感。
- 为表现统一感，通常使用同一色系的颜色对家具进行着色。
- 为防止透视图整体色调过于单一，常对观叶植物或其他小物件进行调色。

此处使用室内空间透视图

此处我们以某个带有室内中庭的建筑物为例进行着色。由于室内中庭是比较宽阔的空间，我们使用颜色的渐进法来表现空间的远近感。在比较宽阔的空间里加入较多的观叶植物和小物件可以使透视图整体不会显得过于单调。此处以中庭建筑为例，着重体现中庭部分与窗户外部。

着色步骤

中庭建筑也是从天花板或地板等面积较大的面开始着色。由于中庭建筑内部中空，所以我们使用较亮的颜色涂高处的墙壁和天花板，同时使用较暗的颜色涂地板，以此来体现整体建筑的高度方向。

完成图

Step 1 涂天花板、墙壁、地板

此处示例中由于天花板有高低两处，所以需要稍微注意明暗的处理。利用较深的颜色涂较低处的天花板，可以体现天花板的高度差。

↓

Step 2 涂家具与暖炉

空间越宽敞，家具的数量也会随之增加，尽量使用同一色系的颜色着色，从而保持家具的整体统一感。另外，此步骤也需画出各件家具在地面上的倒影。

↓

Step 3 涂其他点景

用较鲜艳的颜色涂小物体会使透视图整体更明亮。其中室内植物与户外植物需调整颜料的饱和度进行着色。

↓

Step 4 涂阴影

涂家具的阴影部分。利用较深的颜色涂地板会使透视图整体的明暗对比更鲜明，凸显户外庭院的明度。

↓

Step 5 涂窗户

户外庭院中的植物在第三步已经完成着色，此步骤需在其他玻璃面上涂一层浅蓝色，并做渐变处理。

Step 1 涂天花板、墙壁、地板

❶涂天花板

将黑褐色与靛蓝色混合，调出偏茶色的灰色。调色时需加入大量水分。并从低处的天花板开始着色。

小贴士

确保画笔在画纸内部着色，切勿画出图纸外。

❷天花板颜色的明暗处理

涂完高处天花板后，用带线状空洞的直尺在低处天花板上添加横向阴影部分，且远端部分需做加深处理。

小贴士

注意天花板的阴影部分颜色不能过深。

越往深处，颜色越深

❸涂墙壁

将黑褐色、靛蓝色与土黄色混合，调出偏暖的灰色作为墙壁的颜料。靠近观察面的墙壁部分需使用带线状空洞的直尺涂上相同颜色的阴影。远端的墙壁无须着色，只需稍做阴影处理便可。

❹涂地板

涂地板的底色。由于是木材，所以使用土黄色与茶黑色的混合色进行着色。

❺地板的明暗处理

对地板进行明暗处理。虽然也在水平方向上进行着色，此处无须使用直尺，利用手绘体现地板的材质感。

小贴士

由于远端有大窗户，所以窗户附近的地板无须加深颜色。

近端颜色加深

Step 2 涂家具与暖炉

❶涂暖炉和厨房以及周边部分

涂家具的木材部分，用涂暖炉的浅红色与土黄色的混合色进行着色。暖炉的烟囱部分和柴火使用黑褐色和靛蓝色的混合色（水量较少）进行着色。完成一层着色后，在垂直方向上添加各家具在地板上的倒影。

然后，厨房的橱柜门使用浅蓝色和靛蓝色的混合色进行着色。

垂直方向上的投影

❷涂其他家具

使用与暖炉相同的颜色涂房间中央椅子的座位、桌脚、盆栽花。最后对所有家具进行明暗渐变处理。

Step 3 涂其他点景

❶涂小物件

为使透视图更加明亮，利用稍微鲜艳的颜色涂各点景。通过留白处理可以有效提高颜色的明度。

> **小贴士**
>
> 餐具、盆栽、花瓶等白色部分做留白处理。

❷涂树木

利用浅绿色与浅黄色的混合色涂室内观叶植物的叶子，并做明暗渐变处理。枝干部分使用黑褐色着色。户外庭院中的树木使用饱和度较低的颜色（墨绿色）进行着色，若使用过于鲜艳的颜色会过于突出，从而失去透视图整体的远近感。

> **小贴士**
>
> 观叶植物的较细树叶需使用较细的面相笔，并充分晾干颜料中的水分后再进行着色。

户外树木比室内树木的颜色饱和度更低

Step 4 涂阴影

❶画阴影部分

　　由于是室内透视图，所以桌、椅等家具的阴影都在其正下方（如第15页所示）。阴影选择的颜料比物体的底色更深，比如地板上的阴影选择黑褐色，墙壁上的阴影选择黑褐色和靛蓝色的混合色。

墙壁上的阴影

地面上的阴影

Step 5 涂窗户

❶涂窗户

　　涂窗户玻璃。此处示例中由于有多处窗户，其中面积最大的窗户已经画了庭院中的植物，所以其他窗户只需画出玻璃即可。使用浅蓝色沿倾斜方向对各窗户着色，并做明暗渐变处理，通过留白处理来体现玻璃的质感。

　　最后总览全透视图，稍微调整阴影部分或物体颜色的深浅，完成着色。

颜色渐变

室内透视图中店铺的着色方法

- 选择适合客人身份的衣服颜色。
- 注意小物体的均匀着色，切勿出现颜料超出物体范围的情况。
- 若是光线比较阴暗的店铺，则需使用明亮的颜色对人物的衣服进行着色。

此处使用室内空间透视图

店铺的透视图中，为了体现店铺的氛围，常会加入各种人物。通过人物来清晰体现店铺的客源，也可以更容易地掌握店铺的空间大小。选择适合客人身份的衣服颜色进行着色。

另外，店铺内部有该店铺的各种商品。小物体会比一般家庭中多，使用特定的颜色对其进行着色，并注意切勿出现颜料超过小物体的情况。此处示例为酒吧，客源大都是比较年轻的人物。

着色步骤

为了烘托酒吧的氛围，需要使用稍暗的颜色进行着色。店铺的常用颜色都比较暗，所以人物的衣服需使用较鲜艳的颜色，保证透视图整体的明暗平衡。

完成图

Step 1 涂天花板、墙壁、地板

涂天花板与墙壁的白色时使用与此前一样的灰色，为烘托出酒吧的氛围可使用较深的灰色。地板也使用较深的颜色进行着色。

⬇

Step 2 涂墙壁与货架

墙腰、货架的木材也使用较深的颜色进行着色，并且需要加上明暗处理与木材的质地表现。

⬇

Step 3 涂吧台及其周围

吧台的台柱部分使用的是磨砂瓷砖。使用灰色系进行着色，最后使用相同颜色对瓷砖进行调色。

⬇

Step 4 涂阴影

透视图整体颜色比较厚重，所以阴影部分也需加深处理。

⬇

Step 5 涂点景

由于透视图整体颜色偏暗，所以使用较鲜艳的颜色对人物衣服进行着色，防止透视图过于暗淡。

Step 1 涂天花板、墙壁、地板

❶涂天花板

天花板虽假定的是白色，但由于光线较暗，可以使用黑褐色与靛蓝色混合后（水分少量）得到的暖系灰色进行着色。

❷天花板的明暗处理

在靠近观察面的天花板部分沿水平方向画上暗面，并做渐变处理。选择与天花板底色相同的颜色进行重复涂层，此步骤无须使用直尺。

近端的颜色渐变处理

❸涂墙壁和地板

使用靛蓝色与茶黑色的混合色对地板进行着色。在靠近观察面的地板部分沿水平方向画上暗面，并做渐变处理。然后沿垂直方向画椅子的倒影。由于墙壁比天花板稍亮，所以使用黑褐色与靛蓝色的混色，并加入大量水分，对底层进行着色并做渐变处理。

小贴士

后续会给椅子涂上黑色，所以椅子脚沾上地板的颜色也无妨。

正面远端的墙壁上留白，且仅做颜色渐变

椅子的投影

Step 2 涂墙壁与货架

❶墙及货架

都使用与地板颜色相同的混合色（黑褐色与茶黑色）进行着色。

货架

墙

Step 3 涂吧台及其周围

❶先涂吧台后方的镜子

假定吧台后方是一面镜子。底色使用靛蓝色与深红色的混合色着色。镜子前方的物体本来是很清晰的，但在透视图中会破坏整体氛围，所以对镜子前方的物体做模糊处理。

吧台后的镜子

❷涂吧台、椅子与灯

使用靛蓝色与黑褐色混合后（水分少量）得到的黑色对椅子和灯进行着色。吧台的台柱部分使用与椅子相同的黑色（加入少量水分）进行着色。

天花板及椅子的座位都使用与墙壁相同的暖灰色系进行着色。

暖色系灰色 　　　黑色　　　浅黑色

❸加入瓷砖的接缝细节

使用油性细笔画出吧台台柱磨砂瓷砖的接缝部分。

> **小贴士**
>
> 此步骤也可将地面与墙腰的接缝部分一同画出。接缝部分也可在最初的着色阶段画出。

接缝处

Step 4 涂阴影

❶涂阴影

使用较深的黑褐色对地板和货架的阴影部分进行着色。墙壁边缘的阴影部分用靛蓝色与黑褐色的混合色进行着色。

货架上的阴影

墙壁上的阴影

地面上的阴影

Step 5 涂点景

❶涂人物头发、皮肤及
货架上的酒瓶

人物的头发用黑褐色，皮肤用土黄色与浅红色的混合色进行着色。货架上的酒瓶无须太注重细节，可以通过留白处理来表示玻璃。

> **小贴士**
>
> 用黑色涂人物的头发会使透视图过于厚重，所以改用差色系的黑褐色进行着色。

❷涂剩余点景

　　涂人物的衣服、电视屏幕、壁画及观叶植物等点景。服装使用较鲜艳的颜色进行着色，并确保出现白色衣服。壁画也需做留白处理。电视屏幕用靛蓝色与浅蓝色的混合色进行着色，并且靠近观察面的部分需涂较浅的颜色。最后画出瓷砖的深浅部分，并调整阴影的深浅和整体颜色的均衡，完成着色。

CHAPTER | 6

建筑透视图的着色方法

建筑透视图着色的基础知识

基本概念

- 从天空和道路开始着色。
- 天空部分的着色需先涂一层水，在湿润状态下着色。
- 根据窗户的用途选择合适的颜色。

建筑透视图中窗户的着色方法

建筑透视图中，窗户玻璃面的着色是建筑物整体的重要组成部分。一般情况下，使用蓝色系对玻璃面进行着色，但在建筑透视图中需要着重展示的玻璃面常用黄色着色。这是因为使用暖色系可以让透视图显得更和谐，也可使透视图中的物体更清晰，从而使内部构造比较模糊的建筑物更清晰地呈现出来。依据透视图的不同用途，可选黄色系或蓝色系颜色进行着色。

黄色系

使用土黄色打底，建筑内部的家具或人物用土黄色与茶黑色的混合色（较深色）进行着色。此颜色也适用于店铺入口处、展览馆的展示厅、咖啡店、普通住宅的客厅以及公共场所的窗户等。

土黄色   **+**   茶黑色   店铺   客厅

蓝色系

使用浅蓝色与靛蓝色的混合色打底，建筑内部使用较深的颜色进行着色。此颜色一般用于窗户、办公室或普通住宅的房间等。

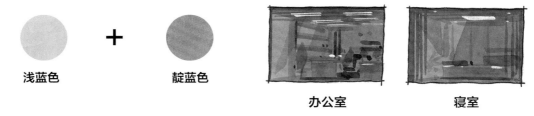

浅蓝色   **+**   靛蓝色   办公室   寝室

着色步骤

此处我们以第三章中办公楼的建筑透视图为例。建筑透视图中一般从天空开始着色。先为图纸涂一层水，在湿润状态下再涂一层蓝色。通过大片留白处理可防止透视图整体过于单调。天空完成后涂道路与墙壁。最后涂各个点景并调整，完成着色。

完成图

Step 1 涂天空与道路

此处示例使用点涂法对天空进行着色。使用蓝色对道路进行着色，并做颜色渐变处理以防颜色单调。

Step 2 涂墙壁

示例中办公楼的一层与二层及以上楼层的墙壁为不同材料。由于一层为瓷砖墙壁，使用带线状空洞的直尺画接缝处和效果。

Step 3 涂窗户

窗户部分使用玻璃的颜色打底后，对天花板及办公家具等办公室内部细节做模糊处理。

Step 4 涂入口附近

示例中一层入口的玻璃面可作为带色玻璃，使用黄色对其进行着色。同时对房檐和停车场内部也继续着色。

Step 5 涂阴影

建筑透视图与室内透视图有所不同，阴影部分的位置会随太阳的光照方向而发生变化。着色时需确认阴影部分的位置。

Step 6 涂点景

由于主体建筑是办公楼，所以透视图整体使用较暗的颜色对各个点景进行着色，但是太过暗淡会降低透视图的展示效果，所以人物的衣服选择较亮的颜色进行着色。

Step 1 涂天空与道路

❶涂天空时用点涂法涂大块云朵

　　首先，用粗平头笔为天空部分涂一层水。在湿润状态下，用点涂法涂上一层浅蓝色，并留出大片空白。

小贴士

先涂一层水是为了淡化点涂法中颜料较多的部分。为防止颜料扩散至建筑物，切勿给建筑物涂水。

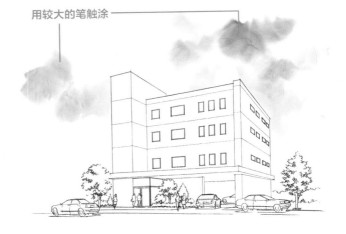

用较大的笔触涂

❷涂道路

　　将黑褐色与靛蓝色混合，调出稍带蓝色的灰色，并对道路进行着色。打底后，通过重复涂层画出垂直方向的反射，并做颜色渐变处理。

小贴士

道路的渐变处理必须是朝一个方向（朝VP1或朝VP2），此处由于是正面，所以选择朝VP1方向。

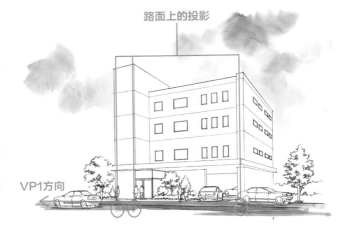

路面上的投影

VP1方向

Step 2 涂墙壁

❶涂二层及以上楼层的墙壁

　　假定墙壁为白色。将靛蓝色与黑褐色混合，调出灰色，并从颜色深的侧面开始涂。然后加水淡化颜色，再涂楼梯间的正面。

小贴士

从颜色较深的部分开始涂，是因为较深部分完成后还可以加水调出较浅颜色，从而使阴影显得比较自然。

侧面

楼梯间的
正面

❷加入墙壁的明暗变化

在侧面墙壁靠近观察面部分加入明暗变化，正面同样加入明暗变化，但需做留白处理。正面与侧面的明暗变化需要将两个面作为一个整体处理。

❸涂一层的瓷砖墙

茶色系的瓷砖墙用茶黑色与土黄色的混合色进行着色，并做颜色渐变处理。

小贴士

以靠近观察面的设计墙为分界线，侧面墙壁的渐变处理向右下方，正面墙壁向左下方。

❹加入瓷砖间的接缝

使用带线状空洞的直尺处理一层的瓷砖墙面，画出其接缝处并体现其质感。示例中的瓷砖墙面积并不大，所以只需画出水平方向的接缝即可。

Step 3 涂窗户

❶涂窗户

靛蓝色中加入少量深棕色并混合，使用该色对窗户进行着色。

❷画窗户内部

画窗户内部天花板与墙壁的接缝、办公家具等。由于窗户很小，所以无须将室内画得很清晰，只要注意VP的方向即可。

Step 4 涂入口附近

❶涂入口的玻璃面

一层入口的玻璃面选择暖色系进行着色。用土黄色打底，玻璃面反射的室内空间用茶黑色着色。示例中只画出了前台。

❷涂房檐与停车场墙壁

房檐是不锈钢结构。将靛蓝色、黑褐色与深红色混合。以房檐角为界线，正面房檐需做明亮处理，侧面做加深处理，剩余部分依据墙壁的明暗做调整。停车场的里侧墙壁使用靛蓝色与黑褐色的混合色着色。

房檐的拐角处

Step 5 涂阴影

❶建筑物的阴影部分

由于房檐的影子落在瓷砖墙上，所以用黑褐色对其进行着色。设计墙的阴影部分用靛蓝色与黑褐色混合后的灰色进行着色。

小贴士

由于房檐的影子落在数面墙上，所以不同部位的影子，其长度和形状也会发生变化。也可以先用铅笔勾勒出各部位影子的形状后再着色。

设计墙的阴影

檐影

Step 6 涂点景

❶涂树木

树木用浅绿色和浅黄色的混合色或青绿色与茶黑色的混合色进行着色。树叶的影子用墨绿色，树干用黑褐色进行着色。

浅绿色+浅黄色

青绿色+茶黑色

❷涂人物和汽车

　　车窗用钴蓝色与土黄色的混合色（附带绿色的蓝色）着色，瓷砖墙面用较深的灰色着色。车体及人物的衣服选择比较明亮的颜色着色，为防止透视图过于暗淡需大量留白。在假定车体和衣服都为白色的基础上，用灰色做颜色渐变处理。

❸加入点景的阴影部分和反射光

　　在各个点景的下方加入阴影，并用白色的点表现道路的反射光和窗户内部的灯光。最后完成对树木后方的背景处理，完成着色。

02 建筑透视图中店铺的着色方法

基本概念

- 选择适合人物的衣服颜色。
- 使用黄色系对人物较多的玻璃进行着色。
- 通过画玻璃内部的细节和广告牌来体现店铺的环境。

此处使用建筑透视图

　　此处示例的一层为咖啡店和入口处，二层为大厅。与店铺的室内透视图着色方法相同，明确一般客源的身份后，选择合适的颜色对客人的服装进行着色。入口附近及咖啡店等人较多地方的玻璃用比较醒目的黄色系着色。建筑透视图中并不能展示该店铺的商品，所以需要将店铺内部的构造大致画出来，让看图者可以看出是何种店铺。

着色步骤

此处示例为低层横长的建筑物。为体现建筑物的方向，使用流线法而并非点涂法涂天空。为体现店铺的氛围，透视图全部用较明亮的颜色着色。

完成图

Step 1 涂天空与道路

涂天空和道路。天空的着色方法和此前相同，先在图纸上涂一层水，再开始着色。由于道路较窄，视线受阻，所以需要略过图纸的右侧局部。

⬇

Step 2 涂墙壁

墙壁是茶色系的瓷砖墙。需画出瓷砖的效果与质地。

⬇

Step 3 涂窗户

选择不同的颜色对一层和二层的玻璃进行着色，通过对比使一层店铺更显眼。需要大致画出店铺内部，以便看图者获得店铺信息。

⬇

Step 4 涂房檐与广告牌

选择颜色对房檐与广告牌着色。依据材料不同调整合适的颜色。

⬇

Step 5 涂盆栽植物与招牌

盆栽植物用亮绿色着色，但为防止透视图过于单调需加上深绿色。通过添加花朵使透视图整体更明亮。

⬇

Step 6 涂接缝处与阴影

利用带线状空洞的直尺画出瓷砖墙的接缝处，加入阴影部分，体现其立体感。

⬇

Step 7 涂点景

最后涂汽车、人物等点景，并对建筑物后方的背景稍做处理。

Step 1 涂天空与道路

❶涂天空和道路

先用粗平头笔在图纸上涂一层水。在湿润状态下，使用流线法再涂一层浅蓝色。道路用黑褐色与靛蓝色混合后偏蓝的灰色涂色，并利用带有线状空洞的直尺辅助着色，道路的色彩线条需画得工整一些。

小贴士

天空部分的上方需加深颜色，越靠近HL颜色越浅。此步骤也需留白。

天空使用流线形涂色法

HL

❷加入道路的明暗变化

道路使用相同颜色的重复涂层，并且对靠近观察面的部分做加深处理，可以体现透视图的远近感。

小贴士

利用带线状空洞的直尺辅助着色，并工整地画出道路色彩线条，可以体现汽车的动感。

近端部分颜色加深，并处理整齐

Step 2 涂墙壁

❶涂墙壁

示例中建筑物的墙壁是茶色系的瓷砖墙，用土黄色与茶黑色的混合色着色。

❷加入墙壁的明暗颜色变化

分别在正面（有木板地面的一面）和侧面加入墙壁的明暗颜色变化。

正面

❸加入瓷砖墙面的自然渐变效果

将土黄色与茶黑色混合，并加入少量水分，用较细画笔画出瓷砖墙的自然渐变效果。靠近观察面的瓷砖墙（入口处附近的瓷砖墙）需增加自然渐变的密度。

扩大

浅　密度　深

观察面

Step 3　涂窗户

❶涂窗户

先给各窗户打底。一层的窗户用土黄色，二层的窗户用浅蓝色与靛蓝色的混合色着色。

2层以蓝色为主

一层以黄色为主

❷画窗户内部构造

由于一层是咖啡店和店铺入口处，二层是大厅。需在各个部分画出适合此透视图的人物、家具、餐具等，方便看图者获取信息。蓝色系的窗户用较深的靛蓝色，土黄色的窗户用茶黑色重复涂层。

Step 4 涂房檐与广告牌

❶涂房檐

入口处的房檐用黑褐色与茶黑色的混合色（茶色系颜色）着色，使用相同颜色对二层的纵向方格着色。打底之后，加入颜色渐变和明暗差。

❷涂木板及广告牌

店铺入口处的木板用土黄色和茶黑色的混色着色。将含有少许靛蓝色的黑褐色与土黄色混合，调出浅棕色。用其对入口通道前的瓷砖墙进行着色。广告牌用浅绿色进行着色。

Step 5 涂盆栽植物与招牌

❶涂植物盆栽和招牌

　　盆栽用浅绿色和浅黄色的混合色，矮树用较深的绿色，树木的阴影用墨绿色，树干用黑褐色进行着色，并在合适位置加上花朵。店铺的招牌无须画出具体文字，用字母模糊表示即可。

小贴士

店铺名字还未确定时，粗略表示即可。

模糊处理店铺的招牌

Step 6 涂接缝处与阴影

❶涂接缝处和阴影部分

　　利用带线状空洞的直尺画出瓷砖墙的水平方向接缝处。阴影部分用较深的颜色进行着色。窗纱部分用广告画的白色进行重复涂层。

小贴士

瓷砖墙的接缝部分若无法用画笔，可用0.3mm的自动铅笔绘制。

白色的广告画

Step 7 涂点景

❶涂点景

　　人物的头发用黑褐色，皮肤用浅红色和土黄色的混合色进行着色。服装及汽车需用较亮的颜色着色，并需做留白处理。最后在建筑物窗户中加入强光点，再对建筑背景稍做处理，完成着色。

建筑透视图中独栋楼的
着色方法

基本概念

- 凹凸部分比较多的独栋楼房可以通过阴影部分体现其立体感。
- 家庭公共空间的窗户用黄色着色。
- 建筑外围需要根据实际情况调整。

此处使用建筑透视图

对独栋楼房进行着色。此处示例为二层的独栋紧凑型楼房，假定有多个阳台。像示例中这种凹凸部分较多的住宅，需要注意阴影部分的绘制方法以便体现建筑物的立体感。住宅中家庭成员活动较多的客厅的窗户用黄色系着色，既可以使透视图有比较温暖的感觉，也可以着重体现客厅。庭院中设置较多植物可以使透视图更明亮鲜艳。由于此前出现过透视图与客户的要求不符而产生纠纷的事件，如果透视图中所有设计都由客户决定，建筑外围的设计适当处理即可。

着色步骤

对天空、地板、建筑物等依次进行着色，若出现示例中房檐与阳台有较多凹凸部分的建筑物时，清晰地画出阴影部分可以体现建筑物的立体感。

完成图

Step 1 涂天空与道路

涂天空和道路。不要将天空和道路涂成像建筑物一样工整的样子，道路的着色过程中无须使用直尺。

↓

Step 2 涂墙壁

墙壁包括喷漆墙面和瓷砖墙面。着色时注意两种墙面材质的不同。

↓

Step 3 涂窗户

客厅的窗户用黄色系着色，可以使透视图有比较温暖的感觉。

↓

Step 4 涂房檐与窗纱

房檐用黑色系着色，窗纱用棕色系着色。将靛蓝色与黑褐色混合，调出黑色。

↓

Step 5 涂入口走廊与 植物

涂入口走廊和植物。不同植物使用不同的绿色体现各自的饱和度和明度。

↓

Step 6 涂接缝处与阴影

加入瓷砖墙面的接缝部分，并对阴影部分着色。由于建筑物形状比较复杂，切勿忘记各个阴影部分。

↓

Step 7 涂点景

涂汽车和户外的桌子，并添加强光点等细节部分。

Step 1 涂天空与道路

❶涂天空和道路

先为图纸涂一层水，在湿润状态下用点涂法为天空涂一层浅蓝色。将黑褐色与靛蓝色混合，调出偏蓝色的灰色，并用此灰色对道路着色。

小贴士

道路很宽阔的情况下，若着色阶段涂满整个图纸会使透视图下部颜色过深，所以道路涂色控制在如图所示的范围中即可。

用点涂法涂天空

Step 2 涂墙壁

❶假定喷漆墙面为白色

侧面的喷漆墙面用灰色，正面的喷漆墙面用浅灰色进行着色，并分别加入渐变颜色。

侧面

正面

❷涂瓷砖墙面

用浅红色和茶黑色的混合色对瓷砖墙面进行着色。

❸加入瓷砖墙面的自然渐变效果

分别加入正面与侧面瓷砖墙的渐变颜色，并加入瓷砖的自然渐变效果。

Step 3 涂窗户

❶涂窗户

用浅蓝色与靛蓝色的混合色对窗户着色。一层客厅的窗户用土黄色着色。

客厅窗户

❷涂窗户内部

窗户用较深的靛蓝色进行着色，土黄色窗户用茶黑色系着色，并大致画出室内构造。

小贴士

普通住宅的透视图中，货架、桌子、透明门都可作为内部构造，画出其轮廓即可。

❶涂房檐

　　假定房檐为黑色。将靛蓝色与黑褐色混合，并加入少量水分，调出黑色备用。房檐使用比屋顶更浅的灰色进行着色。

小贴士

由于只用一种黑色，透视图会过于暗淡，因此基本不使用。

切勿忘记涂此处房檐　　房檐

❷涂窗纱部分

　　窗纱部分使用棕色系，即用黑褐色与茶黑色混合后的茶色进行着色。大门也用相同颜色着色。

扩大

纱窗

❶涂入口走廊

　　大门走廊、房基部分及走廊部分用土黄色与黑褐色（加入少量靛蓝色）混合后的浅茶色进行着色。为防止着色不均匀，务必加入渐变颜色。

小贴士

颜色渐变的方向与道路方向相同，同为朝VP方向。

VP方向

❷涂植物

植物、草坪用浅绿色与浅黄色的混色着色，矮树用深绿色着色，体现颜色变化。植物的影子用墨绿色，树干用黑褐色着色。在需要添加花朵的部位用白色打底，然后在上面填涂花朵的颜色（黄色或红色）。

小贴士

用白色画纸打底时，需要避开周围的绿色，以便凸显花朵的颜色。

白色广告画颜料

Step 6 涂接缝处与阴影

❶加入墙壁的接缝处与阴影部分

在瓷砖墙上使用带线状空洞的直尺画出水平方向的接缝处。喷漆墙面的阴影部分用灰色，瓷砖墙面用浅茶色着色。由于最后需要在大门上加入装饰品，所以此步骤无须画大门的阴影部分。

小贴士

接缝处无法用画笔绘制时，可用0.3mm的自动铅笔进行绘制。

喷漆墙面的阴影部分

扩大

瓷砖墙面的阴影部分

Step 7 涂点景

❶涂点景

在大门上加入玻璃及门把手，并加入大门、汽车附近及户外桌子的颜色和阴影部分。最后在窗户中加入若干强光点，并对建筑物的背景稍做处理。为使建筑物周围的树木能连续出现，用靛蓝色与墨绿色的混合色处理背景。

背景处理

多种多样的着色方法

马克笔的着色方法

基本概念

- 马克笔具有速干的性质，适用于短效透视图。
- 经常使用的马克笔颜色为淡色至中间色。
- 利用马克笔可以很简便地进行重复涂层，所以可以画出较整洁的颜色渐变效果。

完成图

利用马克笔进行着色。由于其具有绘图简便、速干等优点，所以十分适合用于短效透视图的绘制。缩短着色步骤的时间，不会在画纸上留下痕迹，保持透视图的整洁美观。

本书使用的是可比库素描笔。此品牌的马克笔颜色种类丰富，一根笔上带有两种不同的笔头，依据着色部位的不同可以选择合适宽度的笔头，是建筑透视图中常用的画图工具。

由于室内透视图中比较少用鲜艳的颜色着色，今后如果有购置马克笔的需求，推荐入手可比库素描笔，以增加淡色到中间色之间的颜色选择。

使用画材

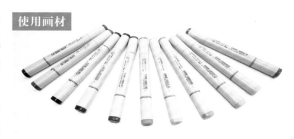

可比库素描笔

※W或E是可比库素描笔的颜色编号。

天花板、墙壁、地板

天花板与墙壁的着色方法切勿选择点涂法。使用同一颜色进行重复涂层便可画出比较美观的渐变色效果，而且颜色的浓淡以及阴影部分都可以简单地修改。地板的着色应避免不均匀，家具需要用相同颜色在垂直方向重复着色。

墙壁：W1、W2宽笔头　　天花板：W1
投影部分重复涂色　　地板：E35

木制家具

木制家具用茶色系颜色进行着色，为体现其颜色深浅与质感，在此基础上还需使用相同颜色加入渐变效果。

木家具（货架）：E27　　木家具（隔间）：E35
阴影部分重复涂色　　木家具：E47

玻璃、商品、人物

家具的玻璃面用蓝绿色进行着色，务必做留白处理，阴暗部分也需要重复着色。商品不能出现颜色不均，需留少量空白，可增加透视图的整体明亮度。人物的衣服也是如此。

玻璃面：G00　留下强光点处
为保证商品颜色均匀,需留白

观叶植物、天花板周围、阴影部分等

玻璃柜台中的小物体用浅蓝色着色（C4、C7）。对观叶植物进行着色，并在人物及家具的正下方通过相同颜色的重复着色表示阴影部分。最后确认墙壁的正面、侧面的明暗对比，阴影部分的准确与否，一张立体的透视图就此完成。

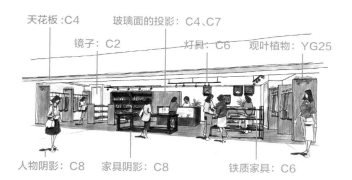

天花板：C4　　玻璃面的投影：C4、C7
镜子：C2　　灯具：C6　　观叶植物：YG25
人物阴影：C8　　家具阴影：C8　　铁质家具：C6

02 彩色铅笔的着色方法

基本概念

- 彩色铅笔适用于透视图的构思阶段或者是表现手法比较温和的透视图。
- 对面积较大的场所进行着色时，空间里面需做颜色加深处理，靠近观察面的部分用较浅的颜色。
- 为提高透视图的丰富度，需使用多种颜色进行重复着色。

完成图

彩色铅笔也是一种比较简便的绘画工具。由于使用方法比较简便，适用于透视图的构思阶段或者表现手法较为温和的透视图。本书针对FABER CASTELL牌彩色铅笔进行着色方法说明。彩色铅笔种类繁多，各个生产厂家的产品颜色分类也不尽相同，请读者自行选择适合自己的彩色铅笔。

利用彩色铅笔着色，可以通过重复着色来调出各种各样的颜色。为体现透视图的丰富性，不只使用一种颜色，而是使用多种颜色进行重复着色。简洁美观的颜色渐变效果可以使完成图更专业。

使用画材

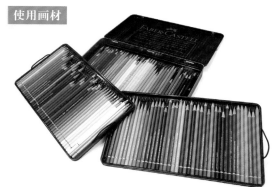

FABER CASTELL

※（）内的数值为FABER CASTELL的颜色编号

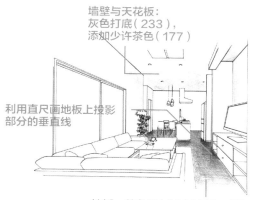

墙壁与天花板：
灰色打底（233），
添加少许茶色（177）

利用直尺画地板上投影
部分的垂直线

地板：茶色系（283）打底，重复
添加同色系（183）（180）

天花板、墙壁、地板

天花板与墙壁用暖色系的灰色进行着色，并且里侧颜色需加深，靠近观察面的颜色较浅，整体颜色逐渐变淡。取一定角度打底，此后通过重复着色可体现其浓度。地板的着色需注意不能出现颜色不均匀的情况。地板上投影部分的垂线需要使用直尺绘制，以体现地板的质感。

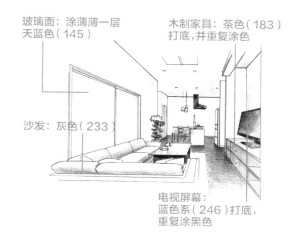

玻璃面：涂薄薄一层
天蓝色（145）

木制家具：茶色（183）
打底，并重复涂色

沙发：灰色（233）

电视屏幕：
蓝色系（246）打底，
重复涂黑色

玻璃面、家具

玻璃面虽用天蓝色进行着色，但不涂整个玻璃面。木质家具用茶色系颜色打底，用相同茶色系颜色进行重复着色，并加入颜色渐变效果。电视机或换气扇等材质较硬的家电需使用彩色铅笔工整地着色，沙发的着色则是将彩色铅笔倾斜一定角度。在沙发的边缘部分加上阴影可体现其圆滑感。

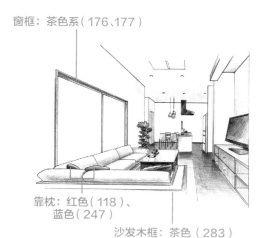

窗框：茶色系（176、177）

靠枕：红色（118）、
蓝色（247）

沙发木框：茶色（283）

室内小物体、框架等

涂小物体时稍微用力，可提高透视图的完整度。在此基础上再增加1-2处暖色系颜色可体现透视图的存在感。

虽然窗框面积较小，使用不同颜色对其正面和侧面进行着色后，可增加透视图的立体感。

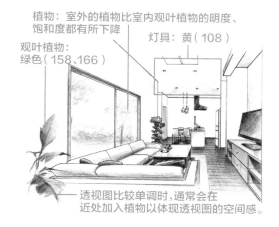

植物：室外的植物比室内观叶植物的明度、
饱和度都有所下降

灯具：黄（108）

观叶植物：
绿色（158、166）

透视图比较单调时，通常会在
近处加入植物以体现透视图的空间感。

植物、灯具、阴影部分等

植物依照颜色的深浅，从颜色较浅的部分开始重复着色。室内植物使用的浅黄色或深绿色，通过降低窗户外植物的明度与饱和度自然地体现透视图的立体感。最后家具的正下方用比打底色更深的颜色添加阴影，再画上灯具。

风景画风的着色方法

基本概念

- 此着色方法用于设计初期的概念透视图。
- 增强明暗对比可使透视图更具表现力。
- 由于此阶段大概构想图，所以无须过于注重细节部分。

完成图

使用画材

水彩纸

预绘

　　类似风景画的着色方法不能用在将画纸作为底稿的完成构想图中，而是用于透视图的构思计划阶段的概念图中。虽然其中使用基本的远近法进行绘制，其表现手法更接近于绘画。透视图使用的绘画颜料与水彩画相同，画纸是绘画中常用的阿尔什纸。由于风景画风格比较自由，画面不同，画法也会随之发生变化。此处我们以图中的高层建筑为例来说明此着色方法的注意事项。

天空、近处建筑

　　天空无须处理得过于真实，使用点涂法即可。从近处的建筑物开始着色，且近处的建筑加上较深阴影可体现整体的立体感。由于水彩画中较难体现深色，所以需要减少颜料中的水分进行着色。此步骤需注意纸中的留白部分（天空以外的白色部分）无须着色。

点涂法涂天空

图纸边缘加阴影

近端深色阴影

将正面设定为背光面后可对其模糊处理

刻意增强汽车的明暗对比效果

高层建筑、周边建筑、汽车

　　主体高层建筑无须过于注重细节，大致着色即可。将正面设定为背阴面可以使透视图更接近于大致构想图。另外，通过清晰地画出周围建筑的窗户以及着重体现汽车等物体的明暗对比可以防止透视图整体过于暗淡。

人物

　　最后给图中人物着色。使用红色等比较显眼的颜色，且不加水淡化，对人物进行着色。使用白色广告颜料，给近处人物的衣服和皮肤上加入白点。

近端的人物身上加入强光点

04 不透明水彩的着色方法

基本概念

- 建筑透视图中，通过透明水彩颜料与白色广告颜料的混合变为不透明颜料。
- 由于不透明水彩颜料也需要重复着色，所以从天空或背景开始着色。
- 灵活使用直尺保证颜料不会溢出画纸。

完成图

不透明水彩画的定义如其文字所示，使用不透明水彩颜料绘制的水彩画即为不透明水彩画。不透明水彩画也有专用颜料，但是此处示例是将透明水彩颜料与白色广告颜料进行混合，将透明颜料变为不透明颜料。

不透明水彩画虽然是以誊写到灰色的坎森板（第68页）上的底稿为基础进行绘制，由于底稿会被不透明颜料遮挡，所以建筑物的线条也必须使用涂画法进行绘制。为掌握此涂画法，需熟练掌握带线状空洞的直尺与细画笔的使用方法。此方法在近年来虽不常出现，但是它是练习表现物体质感最好的方法。

使用画材

坎森板
广告画颜料白色（霍尔贝恩）
+
透明水彩颜料

注意事项

※图中字母代表颜色，详情请参见第87页

天空、路面、窗户以及背景中植物

从背景部分开始绘图。天空部分的着色需先涂一层水，在图纸湿润的状态下，用广告颜料涂一层白色，再用点涂法涂一层水彩浅蓝色颜料。窗户与背景部分只用水彩颜料进行着色，窗户的窗纱和灯具用白色广告颜料着色。由于之后将用不透明颜料对墙壁进行着色，所以各物体的轮廓线条有所偏差也无妨。

墙壁、屋顶

墙壁和屋顶使用水彩颜料与白色广告颜料的混合色着色。正面白色墙壁用白色广告颜料均匀打底，消除窗户的溢色部分。正面墙壁的渐变色方向为右上方至左下方，侧面墙壁的颜色渐变方向为左上方至右下方。瓷砖墙面的正面用YO进行着色，阴暗部分用YO与BU的混色进行加深处理。使用带线状空洞的直尺以防止颜料溢出画纸边缘。

瓷砖墙面的接缝处、阴影

瓷砖墙面的接缝处是以两个VP方向为基准，用铅笔先画底稿，并保持线条从近到远逐渐变细。瓷砖的窑变用与侧面的瓷砖墙相同的颜色，颜色沿VP方向逐渐变浅，体现透视图的远近感。阴影部分不使用黑色，使用比底色更深的颜色进行着色。

点景

最后加入点景。在还未熟悉此方法时尽量用细线条画出底稿后再开始着色。汽车用白色打底，用与白色墙壁相同的颜色加入汽车的阴影部分。用水彩颜料加深处理树木的绿色，然后进行着色。最后，修正溢出部分，检查遗漏，完成着色。

底稿的下载方法

本书Chapter 5与Chapter 6所使用的底稿数据包均可从网站下载。有需求的读者请熟读下述注意事项后下载利用。

微信扫描二维码下载底稿数据包

下载注意事项

● 搜索网址：https://pan.baidu.com/s/1pdr3FeSM1RASR_Lxa2-xow 或微信扫描上图二维码即可开始下载"着色透视图底稿"的数据包。

● 本数据包均为 WinRAR 压缩包形式。下载后请先解压，并移动至桌面等明显的地方。

● 底稿均为 JPG 形式，请打印后使用。

Chapter 5使用底稿

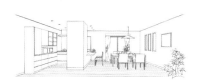

Chapter5-01. jpg

Chapter5-02. jpg

Chapter5-03. jpg

Chapter 6使用底稿

Chapter6-01. jpg

Chapter6-02. jpg

Chapter6-03. jpg